The Education of T.C. Mits
What Modern Mathematics Means to You

启发每个人思维的数学小书

[美] 莉莉安 · 李伯 Lillian R. Lieber 著

中国青年出版社
CHINA YOUTH PRESS

图书在版编目（CIP）数据

启发每个人思维的数学小书 /（美）莉莉安·李伯著；耿长昊，张鳕菲，宗欣瑜译.
—北京：中国青年出版社，2020.8
书名原文：The Education of T.C. Mits:What modern mathematics means to you
ISBN 978-7-5153-6071-3

Ⅰ.①启… Ⅱ.①莉… ②耿… ③张… ④宗… Ⅲ.①数学—普及读物 Ⅳ.①O1-49

中国版本图书馆 CIP 数据核字（2020）第104507号

启发每个人思维的数学小书

作　　者：［美］莉莉安·李伯
译　　者：耿长昊　张鳕菲　宗欣瑜
责任编辑：刘宇霜
文字编辑：翟平华
美术编辑：靳　然
出　　版：中国青年出版社
发　　行：北京中青文文化传媒有限公司
电　　话：010-65511272 / 65516873
公司网址：www.cyb.com.cn
购书网址：zqwts.tmall.com
印　　刷：大厂回族自治县益利印刷有限公司
版　　次：2020年8月第1版
印　　次：2024年2月第6次印刷
开　　本：880mm × 1230mm　　1 / 32
字　　数：98千字
印　　张：7
京权图字：01-2019-5089
书　　号：ISBN 978-7-5153-6071-3
定　　价：49.90元

序言　贝里·马祖尔 / 005
前言 / 009
主角简介 / 011

第一部分　美好旧时光
第1节　五千万人也可能出错 / 019
第2节　小心撞到天花板 / 025
第3节　不要浅尝辄止 / 035
第4节　归纳 / 043
第5节　我们的图腾柱 / 051
第6节　图腾柱（续）/ 061
第7节　抽象 / 071
第8节　定义你的术语 / 077
第9节　喜结连理 / 087

第10节　喜得贵子 / 099
第11节　总结 / 111

第二部分　奇妙新世界
第12节　新式教育 / 121
第13节　常识 / 125
第14节　自由与放纵 / 135
第15节　傲慢与偏见 / 147
第16节　2×2不等于4 / 163
第17节　抽象——现代风格 / 177
第18节　第四维度 / 181
第19节　做好准备 / 195
第20节　现代之物 / 207

寓意 / 219

序言

贝里·马祖尔

打开这本书，就仿佛来到了一片世外桃源。在这里，纯粹的思想在雨水的冲刷下闪闪发光，如向日葵一般，迫不及待地展示初绽的花瓣。这些思想令人赏心悦目，且大有用处，蕴藏着无限的可能。李伯夫妇才华横溢，写就了一本真正适合所有人阅读的书，书中阐释了一些有价值的观点，展现了数学真正的本质。另外，本书编写风格独具特色，无论是电车上的乘客还是散兵坑里的士兵都手不释卷；而且篇幅短小精炼，早期是为美国大兵设计的平装版[1]，甚至可以塞进军需配给包中。

与李伯夫妇的邂逅令我激动不已，因为他们笔下的数学异彩纷呈。他们提出的一些问题令人大开眼界：比如在第3节，他们假设给赤道套上钢圈，再稍稍松开。这些问题有一种不可思议的效果，无形之中，会让你、我，还有迷思先生用定量的方式深入思考。在第9节，我们会看到代数和几何学的“喜结连理”；在第13节，他们不动声色地讲述了一个看似合理、实则错误的欧几里得几何[2]证明，为了增强说服力，他们还利用了图形中一个巧妙的错误假设，在阐明那个误导性的图形后，其寓意显而易见；在第10节，他们讲解了一点微积分的知识，在我看来，正是微积分能够让你领略数学的不同凡响；在第15节《傲慢与偏见》中，我们感受到了有限几何的风采，其中几何公理模型的概念清晰易懂，无需多做解释，你只要看看就能学会这些更抽象的概念；在第16节，有限算术也是如此阐明的；在第18节，他们详细解释了第四维度和相对性。所有这些阐述都各有寓意，发人深省。

本书写于1942年，反映了那个时代的残酷和凶险，书中

---

① 本书写于二次世界大战期间，李伯夫妇创作的目的是为了让士兵们在战争期间仍然感受到科学和数学的美好，在残酷的战争中仍包含希望。

② 欧几里得几何是一门几何学，是按照古希腊数学家欧几里得的《几何原本》构造而成的，简称欧氏几何。

传达的坚定信念——“思想能创造美好的未来”使其熠熠生辉。美国大兵版本上写着“军队海外版”，只有12.5厘米×18厘米那么大（成年男子巴掌大小）。战时图书委员会[①]能够为士兵们提供这本具有教育意义的书实属幸事！打开本书，士兵们就会看到这本书的主人公——迷思先生，戴着一顶双曲面的帽子，丝毫不顾那个时代的险峻，兴高采烈地在数学殿堂中思考徜徉。

你会发现这本小书非常有趣，不过，有时也有点令人恼火。打开它，我仿佛回到了12岁。作者就像慈祥年迈的叔叔婶婶，他们把我放在高脚椅上，并递给我一大杯巧克力牛奶和一大块自制饼干，然后向我展示丰富多彩的课程（关于生活、数学和世界等），每堂课都有其特别的寓意。

这本书尺寸虽小，却令人十分兴奋，更与大版本的现代微积分教材形成了鲜明对比（人们甚至不禁要问，为什么每天携带这些笨重教材的学生没有获得额外的体育学分？）。无论是出于懒惰还是反叛，青少年时期的我就对那些精简的小书情有独钟，因为它们直奔主题，绝不连篇累牍。在这一点上，我与传说中的怀疑论者颇为相像。这位怀疑论者去找拉比[②]·希勒

① 战时图书委员会：美国在二战时成立的专门机构，以服务于战争时期的图书出版，不仅为前线士兵提供了精神动力，也大力地宣传了美国的意识形态和价值观。

② 拉比，作为犹太人中的一个特别阶层，原意为教师，即口传律法的教师。在2~6世纪期间，成为口传律法汇编者的统称。

尔，让这位圣人仅在他单脚站立时间里传授他《律法书》中所有的内容，而热心的拉比仅回复了一句话①。因此，我爱上李伯夫妇的书也不足为奇了。本书以轻松灵活的方式展现了数学敏感性的本质，你真正需要知道的也尽在其中。

① 拉比·希勒尔的回复是“己所不欲，勿施于人”。

前言

起初，

本书并非要写成自由诗体。

但是现代人生活节奏很快，

把每个短句单行书写

有助于快速阅读。

主角简介——迷思先生

迷思先生接受的教育或许来自大学，

或许来自“生活的磨练”。

但无论如何，

他都试图弄明白如何才能好好地“生活”。

他学到的许多内容都相互矛盾，

比如：

“过去无可回首，唯有不断向前。”

“一切美好皆在往昔，

新事物往往昙花一现，

只是凋零颓废的象征。”

W
N
S
E

“科学使我们免于迷信和欺诈。”

“科学是人类创造出来的最大的威胁。”

“五千万人不会出错。”

“有些种族肯定是错的。”

“务实一点，找份工作，

不要在数学和艺术上浪费时间。”

“为什么一辈子

只能做一个狭隘、本分的农民？

打破这个魔咒，学习一些理论，

优化做事方法。”

诸如此类。

他不由地被这些说法弄糊涂了。

他不仅名为“迷思”，

就连手脚也被束缚住了，

大脑也常常是“迷思的状态”。

本书试图

俯瞰迷思先生的困境，

并寻找可能的解决办法。

为了更加生动形象，

我们尽可能多地使用图片；

为了更加清晰直白，

我们会使用人类发明的

最清晰的语言——数学。

哦，我们知道你不喜欢数学，

但是，

我们保证不会用它来折磨你，

只是为了更好地说明

数学与以上矛盾表述和以下内容的关系：

民主

自由和放纵

傲慢与偏见

成功

孤立主义

准备

传统

进步

理想主义

常识

人性

战争

自力更生

谦逊

容忍

排外主义

无政府状态

忠诚

抽象主义

等等。

我们会不时地点明“寓意”，

但是请不要认为我们是在说教、布道。

事实上，

我们真的只是在同自己对话，

因为我们和其他数百万人一样，

就是迷思先生本人。

第一部分

美好旧时光

N
E
W
S

第1节

五千万人也可能出错

让我们从一个非常简单的问题开始，

假设以下两份工作中，

你可以任选其一：

工作1：

年薪起步为1000元，每年增加200元。

工作2：

半年工资起步为500元，每6个月增加50元。

在其他方面，

这两份工作完全一样。

哪份工作更好（第一年之后）?

看下一页之前，

请仔细思考，并作出选择。

你认为工作1更好吗？

你是按照以下思路进行推理的吗？

工作2每6个月增加50元，

那么一年增加100元。

而工作1每年增加200元，

所以工作2不如工作1。

好吧，你错了！

请仔细查看下列收入：

		上半年（¥）	下半年（¥）	全年（¥）
第1年	工作1	500	500	1000
	工作2	500	550	1050
第2年	工作1	600	600	1200
	工作2	600	650	1250
第3年	工作1	700	700	1400
	工作2	700	750	1450
第4年	工作1	800	800	1600
	工作2	800	850	1650

请注意：

（1）第一份工作的年薪比上一年多200元。

（2）第二份工作每半年比前半年多50元。

所有这些都符合最初的条件，

然而工作2每年比工作1多赚50元。

显而易见，

你可以看到，不管哪一年，都是如此。

你可能会感到惊讶，

但是不要气馁，

因为很多人和你做了相同的选择。

让你的朋友也试试看，

你会发现，

除非他们以前听过这道题，

否则很可能会犯和你同样的错误。

即使是五千万人，也可能出错！

这完全在情理之中。

但是，

请不要认为民主一无是处！

因为五千万人不一定是错的！

正如你在上面的问题中看到的，

他们可能是因为太匆忙，

急于下结论，所以才犯了错。

所以，

对于民主，

不要草率地下结论，

以免再犯同样的错误。

稍后我们会再谈到民主。

同时请记住，

你可以愚弄所有人一时，

但是不可能屡屡得逞。

你也是普通人，

如果可以的话，

谁也不想被愚弄，

所以你必须思路清晰。

顺便说一句，

请不要自欺欺人地认为

你无需任何付出就能做到，

也许这本小书会为你铺平道路。

寓意：不要草率地下结论。

第2节

小心撞到天花板

我们再试试另一个问题，

这一次多思考一下：

假设你有一张餐巾纸，

厚度大约为0.1毫米。

在上面再放一张相同的餐巾纸，

两张纸的厚度是$0.1 \times 2 = 0.2$，

即0.2毫米。

然后在上面再放两张餐巾纸，

这样总共是4张，厚度就是$0.1 \times 4 = 0.4$，

即0.4毫米。

不断重复这个步骤，

每次将餐巾纸的数量增加一倍，

即：

第一次有1张餐巾纸，

第二次2张，

第三次4张，

第四次8张，

第五次16张，

以此类推。

按照之前所说，

每次都将餐巾纸数量加倍，

并重复这一步骤32次。

那么问题来了：

这摞餐巾纸有多高？

你觉得它有30厘米高吗？

还是和普通房间一样高？

即从地板到天花板的高度，

或者和纽约帝国大厦一样高？

还是有其他答案？

以上答案可能都不正确。

你是怎么想的？

请在翻页之前作出决定。

我们来绘制一张表格，

以便清晰地展示这一过程：

可以看到，

这堆餐巾纸最后的厚度为

214748364.8毫米。

我要把这个数字除以1000，

换算成米，即214748.36米；

还可以换算成千米，也就是将近215千米，

	餐巾纸数量	厚度（毫米）
第1次	1	0.1
第2次	2	0.2
第3次	4	0.4
第4次	8	0.8
第5次	16	1.6
第6次	32	3.2
第7次	64	6.4
第8次	128	12.8
第9次	256	25.6
第10次	512	51.2
第11次	1024	102.4
第12次	2048	204.8
第13次	4096	409.6
第14次	8192	819.2
第15次	16384	1638.4
第16次	32768	3276.8
第17次	65536	6553.6
第18次	131072	13107.2
第19次	262144	26214.4
第20次	524288	52428.8
第21次	1048576	104857.6
第22次	2097152	209715.2
第23次	4194304	419430.4
第24次	8388608	838860.8
第25次	16777216	1677721.6
第26次	33554432	3355443.2
第27次	67108864	6710886.4
第28次	134217728	13421772.8
第29次	268435456	26843545.6
第30次	536870912	53687091.2
第31次	1073741824	107374182.4
第32次	2147483648	214748364.8

这个高度，

相当于24个珠穆朗玛峰！

你又一次感到惊讶了吗？

你是凭直觉回答的吗？

还是亲自动手一张张摞起来的？

又或是像我一样计算的？

下面我们来谈谈这几种方式：

关于直觉，我想说明两点：

（1）我们的直觉有一些是正确的，

有一些是错误的。

区分对错的唯一方法，

就是跟着直觉走，

并加以检验。

（2）科学家和数学家也有直觉，

他们一些最好的想法都源于直觉，

但是只有经过反复检验，

这些直觉才能成为令人尊敬的科学和数学。

迷思先生和科学家之间的本质区别

就在于此：

迷思先生认为，

如果他的直觉偶尔准确，

那么就可以一直依赖直觉。

但事实上，

每个人的直觉都必须经过反复检验！

至于实验，

人们通常认为实验非常“切实可行”：

“如果进行实验，你一定会得到正确答案。”

这话确实不假，

但是显然，

对于这个特殊问题，

把餐巾纸摞到214748米高不切实际！

如果你真的这么做了，一定会撞到天花板！

总之，

在分析完问题之前，

不要断定某个方法“切实可行”。

最后，正如我们所见，

“计算”是目前为止最好的方法。

所以不要说

“数学不切实际，只有亲自动手才可靠。”

因为这有时是对的，

有时则不然！

如果你认为计算很乏味，

我们则要声明：

（1）数学至少不像摞餐巾纸那么无聊乏味！

（2）还有一个更简便的计算方法。

不过，你需要多了解一些关于“对数”的知识。

在这里我们不讲解对数，

因为在任何一本代数书中，

你都可以找到详细的解释。

只要稍微学习一下，

你便可以掌握一种应用广泛的计算方法。

请记住，

$2^{31} = x$

无论开车、游泳还是做任何事情，

都要有所付出。

但是，

只要成果很值得，

为什么要因为多付出一些而抱怨呢？

毕竟，

生命不息，

奋斗不止！

寓意：快醒醒，

认真生活！

跟着直觉走，

并加以检验！

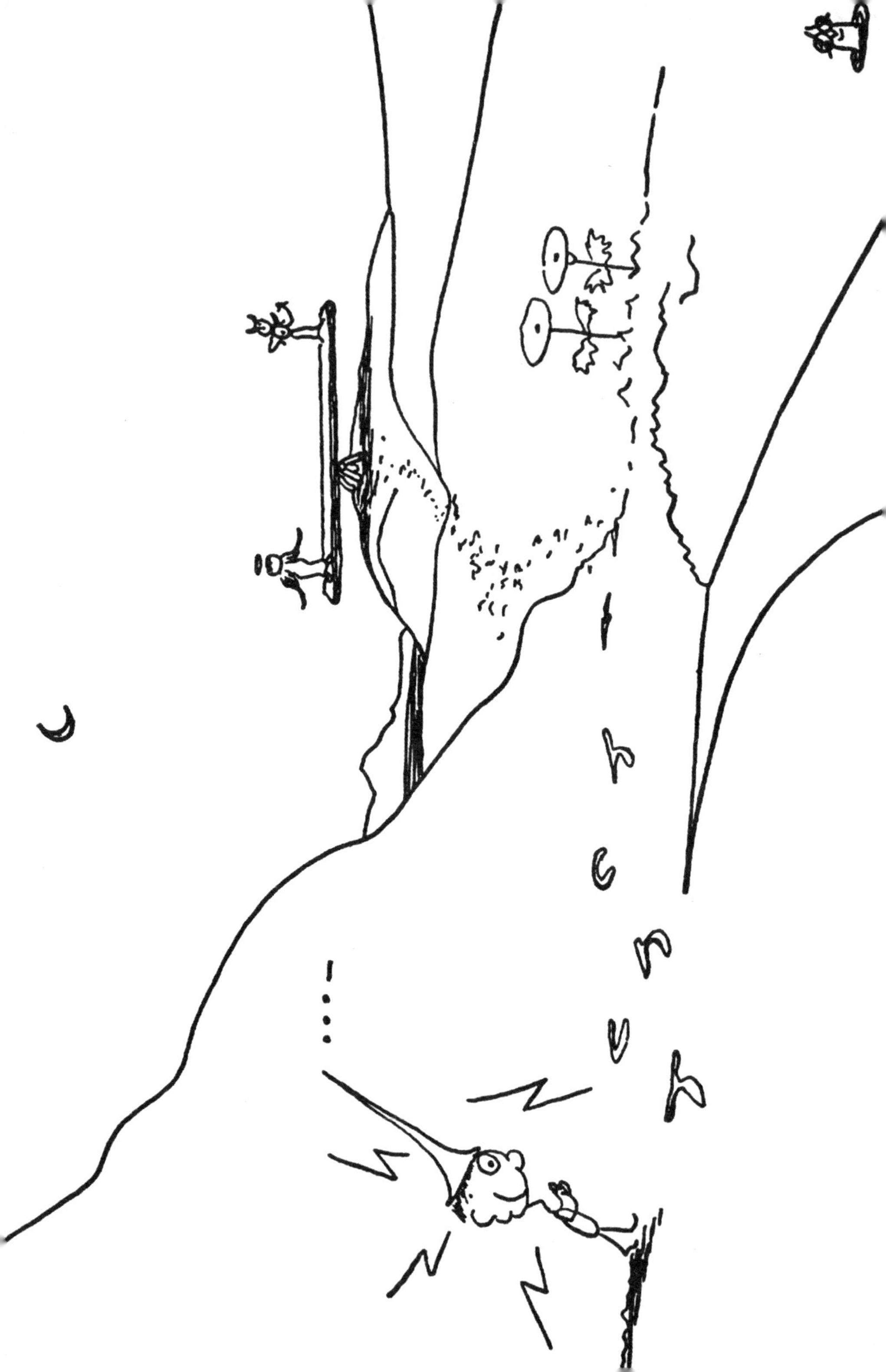

第3节

不要浅尝辄止

既然你明白我们必须审慎思考，

那么，

你应该准备好了回答下一个问题：

假设有一根钢圈紧紧绕着地球赤道。

现在假设你要把它拿下来，

然后在某个地方切开，

再接上一根3米长的钢线，

这样，新的钢圈就比原来的长3米。

如果你现在把它放回赤道上，

它会更宽松，对吧？

问题是：

钢圈和地球之间的空隙有多大？

（A）够一个1.8米高的男子走过去

（B）够一个人手脚并用地爬过去

（C）只够一张薄纸滑过

请在翻页之前作出选择。

你认为（C）是正确答案吗?

也许这个想法在你的脑海中“一闪而过”,

因为你首先想到,

对一个数万千米长的钢圈来说,

3米几乎微不足道。

也许你已经学会不要轻信“闪念”，

并决定用以下方式计算答案：

“由于赤道周长约为40076千米，

用3除以40076，得数非常小，

因此，我仍然认为（C）是正确答案。”

但是，

这种计算方式几乎不能算是“计算答案”，

为什么要用除法计算？

这种计算方式的理论依据是什么？

谨慎思考后，

你必须承认这样做毫无根据。

换句话说，

如果没有理论，

没有计划，

仅仅机械地进行数字运算，

就算你是再计算，也不一定有意义！

现在，让我们理智地分析一下：

你可能知道，

任何圆的周长都等于其半径（r）乘以2π，

π是希腊字母，发音为（pài），

是一个近似值为3.14的符号。

利用公式可以更简洁地表示圆周长：

$$C = 2\pi r。$$

这个公式对任何一个圆都成立，

无论大小。

现在，如果我们将半径增加x（参见下一页的图），

那么。这个新的大圆半径为：

$$r + x$$

新圆的周长为$C' = 2\pi(r + x)$

这个公式还可以写成$C' = 2\pi r+2\pi x$[①]

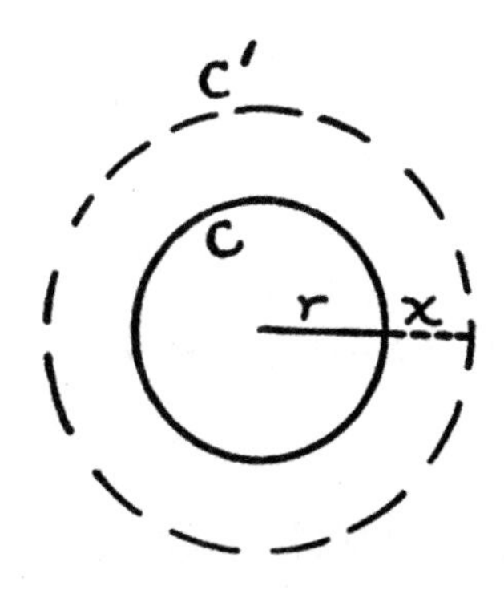

① 就像5（2+7）可以写成5×2+5×7一样，因为无论哪种情况，答案都是45。

如果我们将圆C'的周长和上图C的周长进行对比，

我们可以看到C'的周长比C多$2\pi x$。

换句话说，

半径增加x，圆的周长会增加$2\pi x$，

即x的6.28倍。

现在，

如果圆的周长增加3米，

得到下列等式：

$$6.28x = 3$$

因此，

$$x = 3 \div 6.28$$

$$x \approx 0.5$$。

也就是说，

周长增加3米，半径大约增加0.5米，

因此（B）是正确答案。

所以你看，

你一定不能像机器人一样机械地计算。

既然你已经知道了如何科学地解决这类问题，

就来试试下面这个问题吧：

假设你在赤道附近进行长途远足，

（假设地球是一个正球体）

假设你身高1.8米，你的头会比脚多走多远？

当你散步时，

你的头可以比脚走得更远，

对此，你觉得惊讶吗？

这有悖于你的“常识”吗？

但是仔细看看下面的图，

你就会相信这个想法完全合理！

因为当你的脚沿着内圆行走时，

你的头显然是在沿着外部的虚线圆移动。

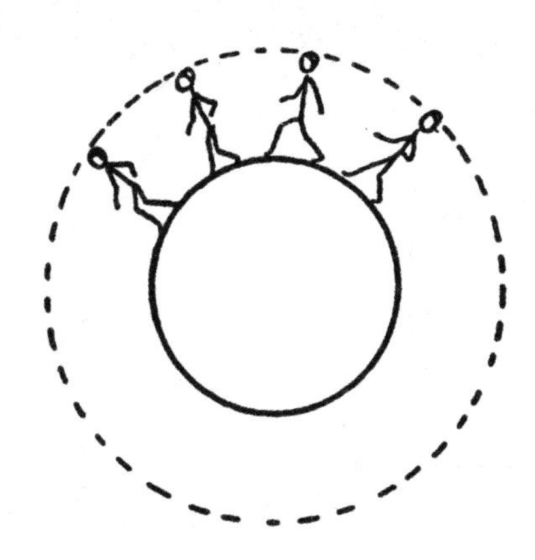

寓意：你的头可以比脚走得更远！

第4节
归纳

毫无疑问，

你知道第3节中

关于圆的计算公式属于“代数”。

也许你能从中猜测出代数与算术的不同：

在算术中，

我们一次只解决一个具体问题；

然而在代数中，

我们是针对某一类型题给出一般性规则。

因此，

已知矩形的长是4，高是2，

就能得出矩形的面积是8。

这就是算术。

而使用公式（1）$S = ab$

（注：a为长，b为宽），

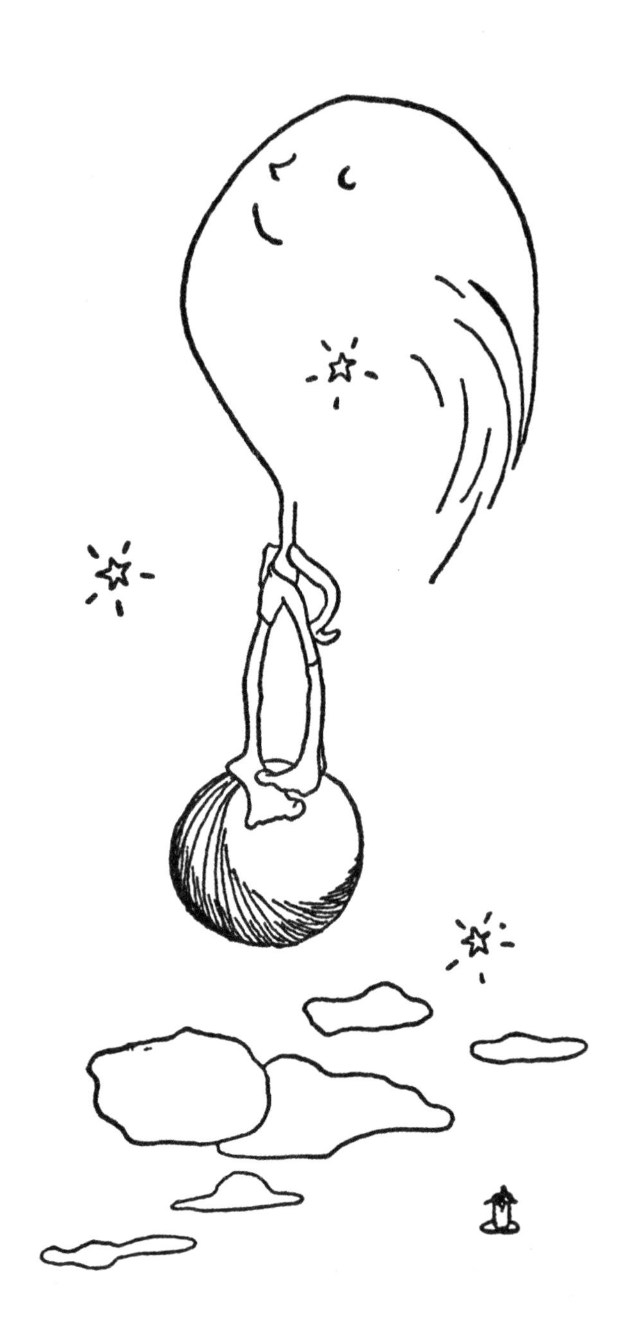

是因为求任何一个矩形的面积S，

都必须用长a乘以宽b，

这就是代数。

换句话说，代数比算术更加归纳。

但是你可能会说，

这并没有多大区别，

因为算术中的规则也有归纳性，

不过这些规则是用文字描述的，

而非像公式（1）一样用字母表示。

在算术中，我们会这样描述：

“矩形的面积等于长乘宽，”

然而在代数中则用字母表示：

$S = ab$.

但是，

你可能觉得这只是一个简写，

并不是什么全新创造。

事实上，这不仅仅是一个简写，

通过使用这种便捷的符号表示公式，

尤其是表示一个更为复杂的公式时，

我们一眼就能发现许多有趣的事实，

而这些事实则很难从

复杂的文字描述中归纳出来。

而且，

学会使用公式后，

我们几乎可以不假思索地解决

那些本需要苦思冥想才能解决的问题。

就像学会开车一样，

我们能够轻松愉快地去“兜风”，

无需费力徒步行走。

所以你会发现，

我们对数学了解得越多，生活就会变得越轻松。

因为数学是一种工具，

有了它，

我们就可以做到赤手空拳无法做到的事情。

因此数学有益于我们的大脑、手脚，

让我们都成为“超人”。

ΔX

你可能会说：

“但是我喜欢走路，不想一直骑车；

我喜欢说话，不想总用抽象的符号。”

对此，我想说：

你当然可以尽情地走路和说话，

但是当你有复杂工作要做的时候，

一定要利用所有可用的工具，

否则你会发现，要完成工作难于登天。

因此，

如果你想成为一名工程师，

需要建造桥梁或者其他东西，

就必须精通数学。

如果你想知道现在要存多少钱，

才能在年老的时候有一笔可观的收益，

就使用公式算算吧！

如果你想知道在你借钱或者分期付款时，

到底付了多少利息，就使用公式算算吧！

请注意，

这些都是代数公式：

某些问题仅凭算术无法解决！

你会惊讶地发现，

一些公式巧妙且实用，

只要你稍加努力掌握这些公式，

就能得到许多助益。

事实上，

当今世界的问题不在于我们拥有太多的数学知识，

而在于我们的数学知识还远远不够。

因为，

在心理学、社会科学及其他重要领域中，

还缺乏行之有效的数学方法。

因此，

即使是这些领域中的精英，

在解决问题时，也如同赤手空拳。

或许目前在这些领域中，

我们还能怡然自乐，

但是很快，我们便会一事无成，

因为战火四起，形势愈发严峻。

毫无疑问，有人可能会说：

“但是战争制造者使用的现代化装备

都是以数学为基础创造出来的。

科学无疑是希特勒取得‘成功’的罪魁祸首，

因此，科学不可能带领我们走向美好的生活。”

现在，

我希望在此表明事实并非如此，

科学和数学不仅能帮助我们

免受洪水、闪电、疾病以及其他灾害的威胁，

其中还蕴含着一种哲理思想，

能让我们更加谨慎地思考，从而避免出错。

因此，

如果我们仔细地加以研究，

它们就能成为一种有效的防御手段——图腾柱，

帮助我们抵御所有邪恶的事物。

寓意：用数学简化你的思维。

第5节

我们的图腾柱

我们的图腾柱由五个有名的正多面体组成，

把这些正多面体都想象成独立的房间，

每个房间都展示了科学的某一方面。

现在，我将带你参观这些房间。

第一层都是立方体，

里面全是大家很熟悉的科学小发明：

汽车、冰箱、收音机和飞机，

以及其他如古戈尔[①]一般的东西。

在这个房间里你还会看到

坦克、轰炸机和其他所有战争装备。

正因如此，

才有人会说科学没有道德标准。

因为它怀着“一视同仁”的态度，

① 古戈尔，一个非常大的数字，即10^{100}，或者1的后面写100个零。

不仅生产出我们喜爱的玩具，

也造就了毁灭世界的工具。

但是这些人可能从未爬上魔梯

去其他房间瞧瞧，

自然对里面的东西一无所知。

由此，我们来到第二层，二十面体。

在这里，

有一个巨大的工业实验室，

是创造、试验和制造小发明的地方。

在这一层工作的人不打广告，

也不做推销，只专注于创造。

雇主告诉他们：

“我们需要更亮、更便宜的灯，

运行更平稳的汽车，

有效的飞机除霜装置，

以及其他各类产品。”

这些研发人员收到任务后，

必须在合理期限内完成，否则就有麻烦了。

因此，

他们不能思绪联翩去想有意思的事。

这里只需要“实干家”，

而不是多愁善感的人。

他们随时可能收到命令找到有效的杀人方法，

他们就必须制造出射程最远的枪，

毒性最强的毒气和杀伤力最大的炸弹。

你本以为只要我们向上爬，

就可以远离这一切，

然而，

这一层似乎比第一层更残酷。

如果摧毁了第二层，

第一层的战争装备或许就会

遭到遗弃，消失殆尽。

这些发明家难道不是真正的魔鬼吗?

让我们再上一层，

看看八面体里的人在做什么。

这里的人从事着“纯粹”的科学研究，

他们通常是大学里的教授，

不受雇于制造商和政府。

他们根据兴趣选择研究领域，

自己的想法是否实用，

他们则毫不关心。

他们是理论派，

他们问的问题都“毫无用处”。

比如：

“将糖、水和柠檬混在一起会发生什么？”

他们将之称为“蔗糖水解”而非“柠檬水”。

他们在不同的溶液中进行研究，

小心地改变物质的相对数量，

日复一日、年复一年用旋光镜观察，

详细地记录结果，

并发表在科学期刊上。

这些研究能让他们发家致富吗？

还是能给他们带来“实际”的好处？

根本不可能。

那他们为什么要这么做呢？

答案很简单：

好奇心的驱使。

第二层的研究人员偶尔会向他们咨询，

但不是很频繁。

他们通常只是写下自己的研究成果，

却直至死去也不知道能否派上用场。

但实际上，从长远来看，

第二层的一些科学家

会经常使用他们的科研成果。

这些第二层的人发现

他们必须不断地研究“纯”科学家的成果。

但研究的通常是旧知识，

他们在理工学院上学时就已经学过了，

并非现在这些发表在纯科学期刊上的内容。

事实上，无论何时，

第二层和第三层的人似乎都没有共性：

第二层的人认为第三层的人是

“头脑发热、糊里糊涂的大学教授，

他们中的一些人可能天生就是怪胎”，

可这谁又知道呢？

所以使用已有的理论更为稳妥，

毕竟这些理论已经经过检验。

另一方面，

第三层的人蔑视第二层的人，

认为他们是“为金钱工作的愚人”，

所以，

第三层的人宁愿将自己的研究成果

留给未来第二层的人，

他们“更懂得欣赏这些成果。”

但是，即便如此，

我们又如何保证他们的成果

会用得正当、符合道德呢？

我们怎么知道他们不是在

为不幸的后代制造更多的麻烦呢？

这我们不得而知。

让我们再往上爬，

看看第四层的十二面体。

这里住着数学家，

但不是和那些现代艺术家

一起住在第五层的“纯”数学家。

第四层的数学家了解古典数学，

知道如何将其应用于

第三层“纯”科学家的科研成果之中。

他们收集整理科学数据，

并利用所有可支配的数学工具加以研究。

如果一个第二层的人破天荒地出现在第四层，

他会忍不住放声大笑。

在他看来，这些人比第三层的人更疯狂，

但是导游会告诉他：“这还不算什么，

去顶层的四面体看看吧。”

至少在第四层，

他们提到的几何、代数和微积分，

你在高中或大学里都听说过。

但是在顶层，

他们可是在甜甜圈、椒盐卷饼（童叟无欺！）

和橡胶板上画几何图形。

在顶层数学家使用的代数和算术中，

$2\times2\neq4$

$3+2\neq2+3$

$5\times6\neq6\times5$

对于和他们共享顶层房间的现代艺术家来说，

他们确实是合适的伙伴！

如果他们能找到工作的话

就已经谢天谢地了！

不过行家却表示他们的工作关乎未来。

事实上，

如果你追溯一些最实用的小发明，

你会发现，

如果没有这些“头脑发热”、“不切实际”的人，

这些小发明如今就不可能存在。

你在下一节就会看到。

ΔX

第6节

图腾柱（续）

以收音机为例，

它可以收听各种各样的音乐会和重要广播。

追溯到第二层，

你会发现那里的许多人

发明了更好的电子管和天线，

改善了接收效果。

但如果不是第二层一个叫马可尼[①]的人

发出了第一个无线电信号，

这一切都不可能发生。

而如果不是第三层一个叫赫兹[②]的人

证明了电磁波的存在，

并证实了发送无线信息的想法切实可行，

---

① 伽利尔摩·马可尼（Guglielmo Marconi，1874～1937），意大利无线电工程师。他曾用电磁波进行无线电通讯实验，获得了成功，被称作“无线电之父”，1909年获得诺贝尔物理学奖。

② 海因里希·鲁道夫·赫兹（Heinrich Rudolf Hertz，1857～1894），一名德国物理学家，他于1888年首先证实了电磁波的存在，因其巨大的贡献，其名字“赫兹”便作为频率的国际单位。

这一切更是无从谈起。

但是，他要寻找电磁波的想法源于何处呢？
当然是源于第四层那个名为克拉克·麦克斯韦[①]的人。
是他首先想到了“电磁场”中波的概念，
并把微积分应用到这一概念上，
由此得到了一组微分方程，
他根据这些方程得出了电磁波必然存在的事实。
正如我们说过的，
赫兹后来证明了他是对的。
然而，
如果不是牛顿[②]发明了微积分，
麦克斯韦不可能实现这一创举。

事情就是这样。

选择任何一个你喜欢的小发明，

① 詹姆斯·克拉克·麦克斯韦（James Clerk Maxwell，1831～1879），英国物理学家、数学家，创造了经典电动力学，还是统计物理学的奠基人之一。
② 艾萨克·牛顿（Isaac Newton，1643～1727），英国著名的物理学家，描述了万有引力和三大运动定律，与莱布尼茨共同发明微积分。

追根溯源，你会发现，

必须要爬上所有楼层才能知晓完整的故事。

你会说：“但是你根本没有证明你的出发点，

因为坦克和轰炸机也是如此，

科学终究不分善恶，不具道德。”

然而，

如果你再次仔细阅读上面的故事，

并且愿意认真倾听，你很快就会承认，

科学想传达给我们的远不止这些。

例如，

追溯过去，

你会发现在关于收音机的小故事里，

美国人、意大利人、德国人、英国人

都参与其中。

飞机的诞生也与俄罗斯人、法国人

和其他国家的人密不可分。

简而言之，科学无国界，

希特勒的种族理论大错特错，

这就是科学想向我们传达的理念，

这也一定让你印象深刻。

如果我们愿意倾听，还能从中了解到，

合作对于完成任务至关重要。

所以，

底层的人嘲笑上层的人，

上层的人瞧不起底层的人，

这种做法实在是荒谬至极。

因为要完成一项工作，

需要所有人付出努力。

这不就是民主吗？

因此，我们看到科学并非没有道德准则。

只要我们不把一层的小发明等同于科学，

并因此砍掉它的头（上面几层）！

并阻断它的血流（所有楼层之间的相互关系）！

我们就能领悟科学传达的哲理！

再多给你讲讲那些奇怪的代数和几何知识，

你就会发现，

数学传达给我们许多重要的信息。

各种数学体系皆可能存在，

人类创造了它们，

也可以控制它们，

如果你把这个想法应用到社会中，

便会意识到，你想建设的理想世界，

由你自己定义；

人类拥有的自由和创造力

有时比自己意识到的还要强大。

“人性”不会改变的想法限制了我们，

这只是一个谎言，

因为从顶层的活动中我们了解到人性有无限的可能。

简而言之，

真正的恶并非枪支和坦克。

因为在某些情况下，

枪支可能成为伟大的“善”。

而“民族主义”、“独裁专制”、

“狭隘的人性观”等错误观念，

才是真正的魔鬼。

因此，

错误的想法比枪支更危险！

枪支和坦克仅仅是工具，

虽然可能被用来行善或作恶，

但它们只是第一层的小发明。

而科学中的哲理，

源于对所有楼层及其相互关系的思考，

它明确告诉我们：

我们必须意识到，

仅有第一层和第二层对人类来说远远不够。

正如我们所见，

整个科学研究如此完美地揭示了人类的本性，

也展现了科学的本质：国际主义和民主。

因此，我们认为：

（1）我们应该拥有更广阔的科学视野，

以领会其中蕴含的哲理。

正如我们从图腾柱中所见，

从总体上看，

科学确实可以保护我们免受邪恶侵害。

W
N
S
E

（2）我们应该怀着更欣赏的态度

去看待顶层的人。

我们过去亏欠他们太多，

不该再像以前那样，

仅仅因为他们不去享受物质生活，

就残忍地对待他们，

也不该再质问他们：

“你所做的有什么实用价值？”

“这对普通人有什么意义？”

因为他们自己也不知道。

他们的工作就如同

天然油井、天然气、山川河流一般，

是一种“自然现象”。

让我们给予他们自由去完成心中所想；

让我们把他们的小小处所变得富丽堂皇，

为他们的新奇创作惊叹鼓掌。

也许有一天，

我们会发现它们的“实际”用途

超乎我们的想象。

除此之外，

他们科研成果中的哲学意义，

是今人的无价之宝，

稍后我们就会看到。

寓意：哦，认真聆听图腾柱的箴言！

第7节
抽象

你在第4节了解到，

代数相较于算术的主要优势之一就是其归纳性。

事实上，

归纳还是数学领域中用于

获得新成果的基本方法之一。

也许有人会说："归纳可不只有数学家会用。

就像是

所有男人都知道女人是笨蛋；

所有女人都知道男人是傻瓜；

所有人都知道

犹太人要么是共产主义者要么是银行家。"

无需赘言，这些归纳毫无依据。

在数学中我们更崇尚谨慎归纳。

如你所知，在几何学中，

我们主要是处理点、线、面之间的关系，

以及研究各种图形（三角形、圆形等）

和各种立方体（棱柱体、球体等）的性质。

你也知道，在黑板或者纸上画平面图，

制作三维立体模型，

都是为了把我们讨论的东西可视化。

当然，你也明白，

无论是用粉笔在黑板上画的点，

还是用最细的铅笔或钢笔在纸上画的点，

都比数学概念上的点要大得多。

因为后者既没有维度，

也没有长度、宽度和厚度。

同样，

即便使用最精巧的圆规画出来的圆，

也不过是大致表示数学概念上的圆。

因此，

几何学涉及的内容，是现实物体的抽象化展示。

也正因为它们是抽象的，

所以才更加精确。

例如，

圆周上所有的点到圆心的距离完全相等。

但是你可能会说：

“即使它们是精确的，但是只存在于脑海中，

又有什么用呢？”

你马上就会看到数学家是如何使用抽象的，

又是如何将其应用于现实世界的。

事实上，

与其他动物相比，

抽象能力是人类所具有的最突出的特征之一。

不仅数学家拥有这种能力，

艺术家、音乐家、诗人等都是如此。

也许有一天，

我们会用一个人的抽象能力

而非智力来衡量他的“人性”。

如果一个人忠于
真理、公平、自由、理性等抽象概念，
而不是忠于某个人或某地，
那么他的忠诚是具有人性的，
而不是像狗一般的忠诚。
请不要误会“狗”字含有贬义，
它们可是非常可爱的动物。
（记住，一定不要草率地下结论！）
只不过，它们仍然是动物，不能称之为人类。

那么，什么是“真理”、“公平”、
“自由”、“理性”呢？
这些词语真的有意义吗？
如果它们的含义不清，
我们又如何忠于它们？
这些词是不是某些人为了奴役、哄骗他人
而捏造出来的毫无意义的抽象概念？

接下来，
我们将研究“数学真理”的含义，

探讨我们在数学中拥有的“自由”，

以及思考其中真正的“理性”是什么等等。

当你读完这本小书后，

便会对“真理”、“自由”、“理性”等概念

有更加清晰的认识。

你会看到，

数学家们必须要思考数学的基本原理，

也需要探究人类思维的本质：

思维的力量有多大？

思维的边界又在哪里？

例如，

人类对理论证明的认知极限是什么？

当然了，

这也会明确影响到“我们人类究竟是什么？

我们又能有什么成就？”

寓意：像个男子汉，不要做胆小鬼。

第8节

定义你的术语

我们说过归纳和抽象

是非常基础且实用的概念。

我们必须强调，

数学并不是唯一使用这些概念的领域。

例如，

一首伟大的交响曲

没有流行歌曲那样具体的歌词，

它传达的情感便不是具体的，

而是抽象的，

因此应用更为广泛。

一幅精美的肖像画作要比照片更抽象，

因为它并不代表某个人在某个特定时刻的样子，

而是这个人在艺术家眼中本质特征的抽象表现。

也许有人会说：

“我同意抽象画法很不错，

也承认一幅精美的肖像画比照片的意蕴更丰富。

但是为何这些现代作品已经抽象得

让人难以辨识呢？”

我们现在不讨论现代作品，

请记住，

在第一部分中我们只讨论

那些存在于美好旧时光中的事物。

所以对于现代事物，

我们将在第二部分进行讨论。

我们目前只是想指出，

无论是数学、艺术还是其他领域，

其中的归纳和抽象概念

都有“旧”、“新”两个方面。

上述用法在数学中属于“旧事物”，

就像肖像画是绘画中一种“旧”的抽象形式一样。

而数学和艺术领域中的“新事物”

在外行人听起来难免会觉得奇怪。

例如，

正如我们之前所说，

在一个现代数学家看来，

2×2不一定等于4！

可别被吓到，

在你读完第二部分后，

你的思维会极大地开阔（希望如此），

到时对你而言，

这些现代观点会像你今天信奉的观点一样合理。

我们暂且不透露过多，

故事还在继续。

在数学中，我们还发现了哪些基本概念呢？

毫无疑问，很多人会说：

“你肯定会说到，

在数学领域中，我们要证明一切内容，

仔细定义所有术语，

这样才能知道我们在谈论什么。

这无疑意味着我们应该学会

在一切论证中定义所有术语，

并使用数学方法作为模型。”

很抱歉让你失望了，

但是我们必须告诉你，

早在公元前300年，

欧几里得就已经意识到，

即便是在数学领域中，

也无法做到定义所有术语，

证明所有内容！

因为你看，

在一个证明中，

每句话都必须以之前证明过的东西为依据；

每个术语都必须由之前定义过的东西来定义。

显然，

任何思想体系在建立伊始，

都无据可依。

因此，

我们必须从未经定义的术语和未经证明的命题入手。

你会说："但是这并没有听起来那么糟糕，

因为我们总是可以从不言自明的真理入手。"

欧几里得认为自己就是这么做的。

在那个时代，

他有这样的想法很正常。

但是在第二部分你会看到，

这种方式在现代根本行不通！

不过，

现在让我们继续讨论欧几里得。

他收集了那个时代的几何知识，

不过并没有把这些知识杂乱无章地放在一起。

而是如我们上面所说，

他先从不言自明的真理入手，

再用逻辑对其他部分加以证明。

你会承认这是一个绝妙的想法。

从那时起，

欧几里得体系就被当做一种模型。

但是，

正如我们之前承诺的那样，

在第二部分你会看到

数学家不得不对欧几里得体系做一些基本的改变。

因此，

恕我直言，

我们今天绝不能像许多几何教科书一般

盲目地信奉欧几里得！

寓意：取得进步需要尊重传统，

但是不能百分百地盲从！

第9节

喜结连理

回顾人类历史，

你会发现，

算术和代数中许多有用的知识，

早在公元前4000年就已经为人所知了。

大约在公元前300年，

欧几里得完成著作《几何原本》，

标志着几何学达到了高度的发展阶段。

从那时起，

数学领域中发生了许多大事：

（1）代数和几何得以进一步发展。

（2）17世纪，笛卡尔 将二者结合，

形成一个新的数学分支：解析几何。

（3）许多新代数和新几何得到发展。

（4）数学中所有的基本概念都经过仔细检验。

（5）逻辑学受到审视，新的逻辑学出现。

（6）数学在宇宙研究中有了新的应用。

（7）以上种种使数学家变得更加聪明练达。

他们自认为拥有远见卓识，

便瞧不起迷思先生那种普通常识，

认为他的常识就像

小孩子把所有男人误认为爸爸一样幼稚。

当然了，

要想成为一个伟大的数学家，

就需要不断深入思考。

但是我们认为，

即便迷思先生不成为数学家，

也可以了解一下这些成果。

在这一节，

我们将向他讲述在（2）中提到的

17世纪的喜结连理及其产物。

笛卡尔是用以下方式将代数和几何联系起来的：

如果我们画两条互相垂直的线，X和Y，

如下图所示，

这样就把一个平面分成四个“象限”：I、II、III、IV。

平面内的任意一点都可以用一对数字表示，

因此：

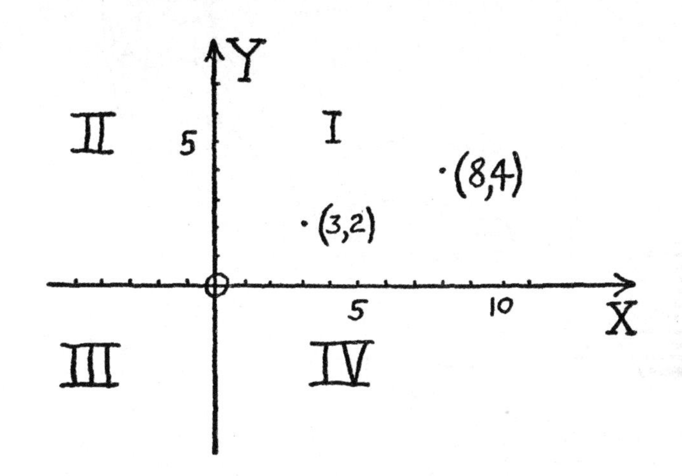

（3，2）表示的点位于O右侧3个单位，

O上方2个单位。

类似的，

（8，4）表示的点位于O右侧8个单位，

O上方4个单位。

注意，

第一个数字表示沿X轴移动的距离，

第二个数字表示沿Y轴移动的距离。

如果第一个数字是负数，

比如–2，

我们必须沿X轴向左移动，

而不是向右。

同样，

如果第二个数字是负数，

我们必须沿Y轴向下移动，

而不是向上。

因此（–4，–5）表示的点位于0左侧4个单位，

0下方5个单位。

（参见下图）。

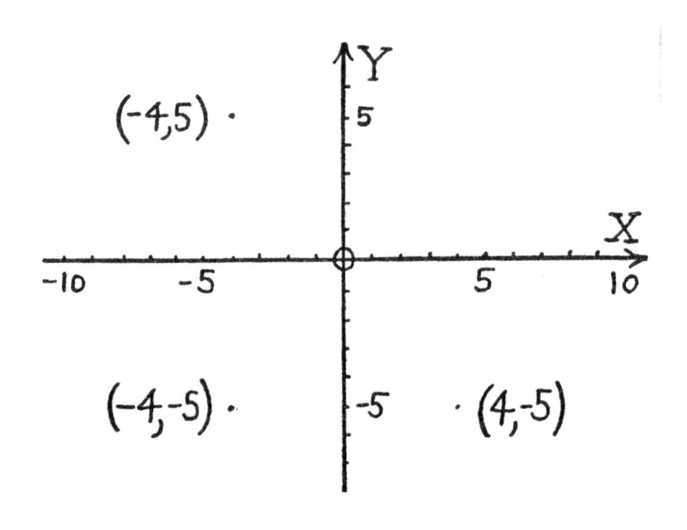

以此类推，

（–4，5）表示的点位于0左侧4个单位，

0上方5个单位。

（4，–5）表示的点位于0右侧4个单位，

0下方5个单位。

通过这个简单的工具，

我们就可以把一列列的数字

更加生动直观地表现在图中。

举个例子，

如果某天内某地的温度为：

时间	温度
凌晨2点	−4°
凌晨5点	0°
上午6点	3°
上午9点	5°
上午11点	8°
下午6点	1°
晚上9点	−3°

在图表中可以表示为：

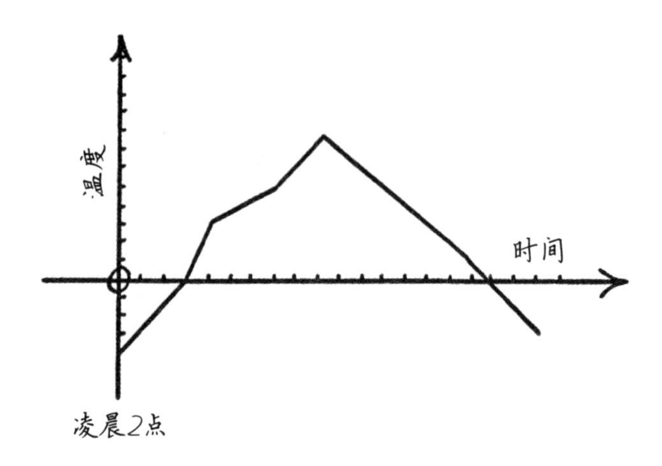

你肯定很熟悉此类图表，

因为商家已经看到了这种图表

在业务经营、广告宣传、检查业务量

等方面的巨大优势。

借助这一工具，

医生每天巡房时便可以一目了然地看到

每个病人的体温变化，

从而快速决定需要特别留意的地方，

不必再浪费时间检查大量的数字。

迷思先生对这类图表非常熟悉，

我们甚至无需再强调

数学家创造的这个简单实用的工具

给我们带来了多大好处。

但是“务实的人”仅会简单应用，

而数学家却把它的作用发挥到了极致。

在这里，

我们不详细介绍数学家是如何

把这种简单的图表

发展成为数学的一个分支——解析几何。

但是我们要知道，

如果没有它，

就不会有牛顿的微积分

及其在工程、物理和化学方面的重要应用；

我们也不会享受到铁路、轮船和飞机的方便快捷；

也无法通过电话、电报以及无线电进行交流；

更无法享受饮食、医疗和空调

为我们带来的诸多好处。

这些故事在其他书中已有详细介绍，

此处不再赘述。

寓意：有空的时候，

读一读这些故事吧！

(x,y)

第10节
喜得贵子

我们在这里只想简要说明

牛顿微积分的一个主要思想：

假设你正在以每小时40英里[①]的车速

匀速驾车旅行，

两个小时后你能走多远？

显然，用一个简单的公式

（2）$d = rt$（距离 = 速率 × 时间）

很快就能算出答案。

但是，如果不是匀速驾驶，

这个公式便不再适用。

因此，

我们经常需要用到可以计算非匀速运动的公式，

① 1英里=1.609344公里

让我们看看怎么做。

为简便起见，

首先绘制$r = 40$，

即（3）$d = 40t$时的图表。

先做一个表格，

通过给t任意赋值，

然后根据公式（3）

计算出d的对应值：

t	d
0	0
1	40
2	80
3	120
4	160
5	200

然后画出这些点：

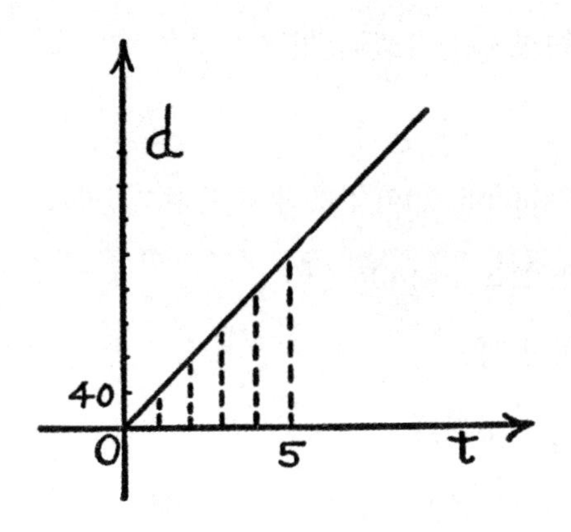

现在既然公式（2）

可以写成$r = d/t$（速率 = 路程 ÷ 时间），

从图中我们可以看到，

用任意一条虚线的对应值（代表已走的路程）

除以相应t的值，

都可以得到速率。

上图完整地展示了这个运动过程，

横轴表示时间，

纵轴表示路程，

速率为二者的比值。

显然，匀速运动可以用直线表示。

那么，如果不是匀速运动呢？

举个例子，

假设你以每小时20英里的速度走半个小时，

然后增速到每小时40英里，

并保持两小时，

中途休息一小时后，

再以每小时35英里的速度走3个小时，

画出来的图会是什么样子？

显然是这样的：

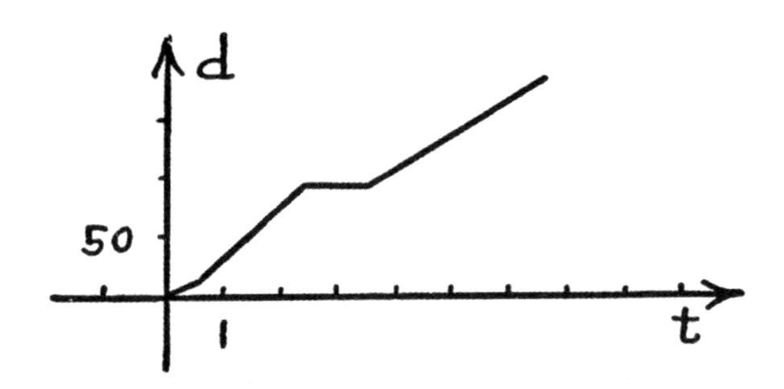

同样，

下面的“折线图”说明了什么？

每段直线代表的速率恒定，

当直线斜率发生变化时，

其速率也会随之改变，

x
y
Δ
∫

且在斜率再次改变之前保持不变。

注意，如图所示，

每个转折点的速率都是突变的，

暂不考虑加速或减速的过程。

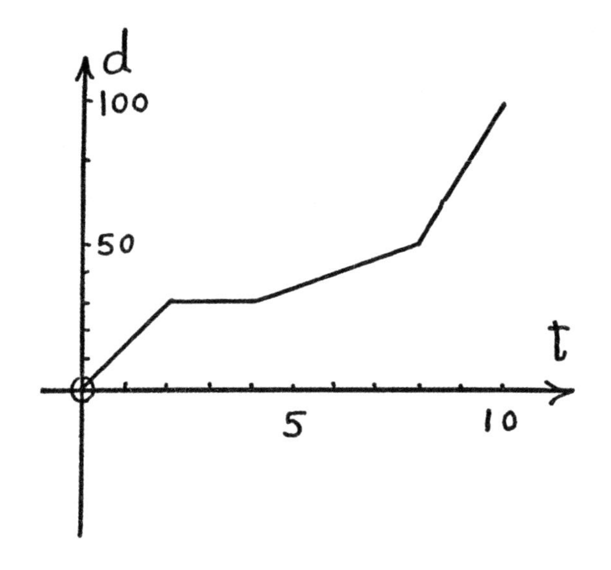

为了表示这个过程，我们需要使用一条曲线，

如图所示，

x表示时间，y表示距离。

在曲线上，每一点的速率都不相同。

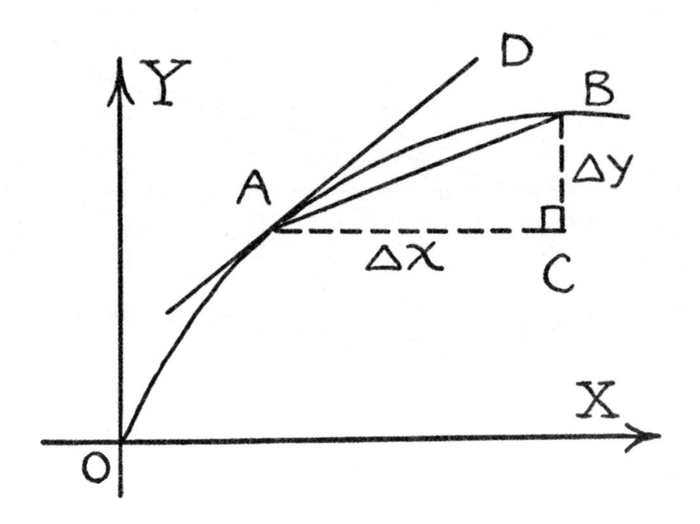

我们现在如何“把握”如此难以捉摸的东西呢？

这就是微积分要解决的问题：

首先假设从A到B的运动是匀速运动，不是加速运动。

那么它就可以用直线AB

而不是曲线AB来表示。

在AC这段时间内，

走过的路程为BC，

则这段时间的恒定速率等于

BC/AC。

当B点越来越接近A点，

直线AB就会越来越接近直线AD，

直到与曲线相切于A点。

因此我们可以说A点实际的速率

就是BC/AC的“极限”值。

虽然这个速率只持续一瞬间

（因为一旦离开A点，切线的斜率就不同了），

但仍可以用数学方法来表示。

因此，如果我们用Δx表示AC

（Δx读作“德耳塔x”），

即X轴上从A到B的差值，

用ΔY来表示BC的距离。

然后，当B接近A的时候，

ΔY/ΔX的比率就接近一个极限值。

这个极限值由dy/dx表示。

由此得出A点的速率为

$$r = dy/dx,$$

当然，r会随着点的移动而变化。

现在，

如果我们知道原始曲线的方程，

就可以利用微积分中的“微分”

计算出任意点的值，

即dy/dx。

反之亦然，

如果我们知道dy/dx的值，

即“微分方程”，

通过微积分中的“积分”，

也能得到原始曲线的方程。

在这个不断变化的世界中，

对于大多数实际问题，

我们都可以先建立一个微分方程，

以表示局部区域的状态，

再利用“积分”进行计算。

通过这种方式，

甚至可以计算出行星的运行轨迹。

我们并不期望只此简单描述

就能让人们领会微积分的作用。

我想说的是，

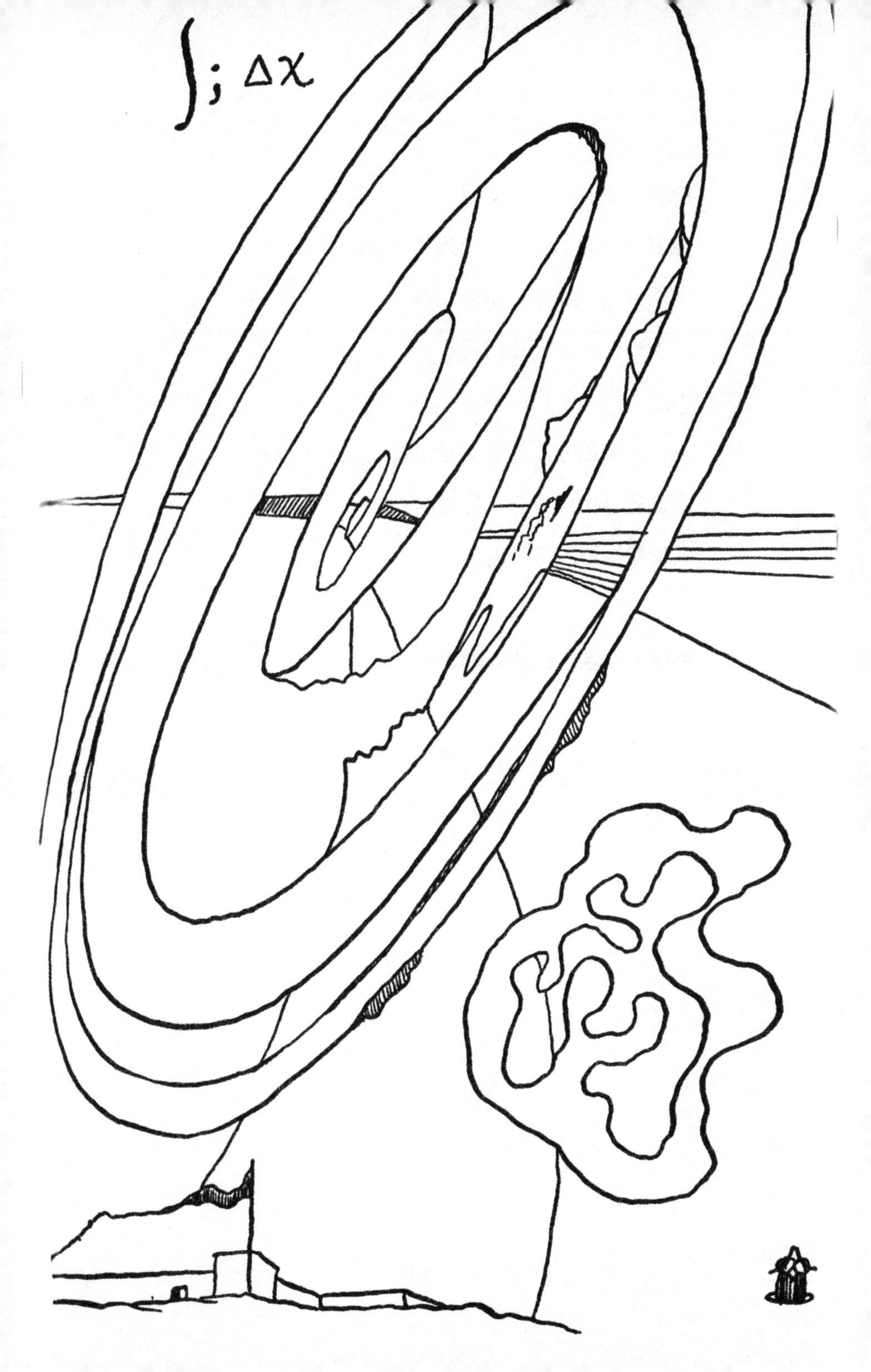
∫; Δx

微积分是一个科学工具，

能够帮助我们了解这个瞬息万变的世界，

而不仅仅是那些静止的东西，

比如静待测量的几何图形。

不过，

为什么微积分不是数学领域最强大的工具呢？

难道还有比微积分更好用的吗？

敬请期待第二部分内容！

寓意：学会在行动中学习！

第11节

总结

在第一部分中，

我们试图告诉你：

（1）一个不用数学思维进行思考的人，

就如同一个无助的孩子

（详见第1、2、3节）。

（2）一个“务实的人”，

如果不借助任何理论，

仅凭赤手空拳做事，

那么他可能是个傻瓜。

（详见第2、5、6节）

（3）数学和科学的价值

不只在于一些小发明的创造，

更在于其蕴含的哲理。

（详见第5、6节）

（4）归纳和抽象是两种强大的思考工具，

在所有的思考过程中都很重要。

没有它们，

你不可能真正思考。

但是你必须运用得当。

否则，

它们就会变成“炸药”，把你炸成碎片！

（详见第6、7节）

（5）不要总是求索“是”或“不是”。

举个例子，

“我们应该严格遵循祖先留下来的传统，

是不是？”

不要问这种问题，

因为数学的发展史会告诉我们

欧氏几何的哪些内容该保留，

哪些又该舍弃。

第二部分对此会有详细介绍。

但是抛开数学不谈，

在社会学中，

你会经常看到人们盲目地引用宪法中的内容，

或是卡尔·马克思[1]和西奥多·罗斯福[2]的话[3]。

对此你只能选择全盘接受，或是彻底拒绝。

然而，

在数学中，

我们不是单纯地引用权威的观点。

我们可以说：

“以我们目前掌握的知识来看，

欧几里得这里说得对，

那里说得不对。”

这是一种审慎检视过去的方式。

因为过去对错参半，

我们必须根据现有的知识进行甄别。

---

① 卡尔·马克思（Karl Heinrich Marx，1818～1883），德国的思想家、政治学家，马克思主义的主要创造者之一，主要著作有《资本论》《共产党宣言》。

② 西奥多·罗斯福（Theodore Roosevelt，1858～1919），人称老罗斯福，第26任美国总统，美国历史上最伟大的总统之一。

③ 顺便说一下，宪法的制订者还有其他经常被引用话语的人，如果看到他们的信徒如此应用他们的理论，肯定吓坏了。所以注意，要小心你的信徒！

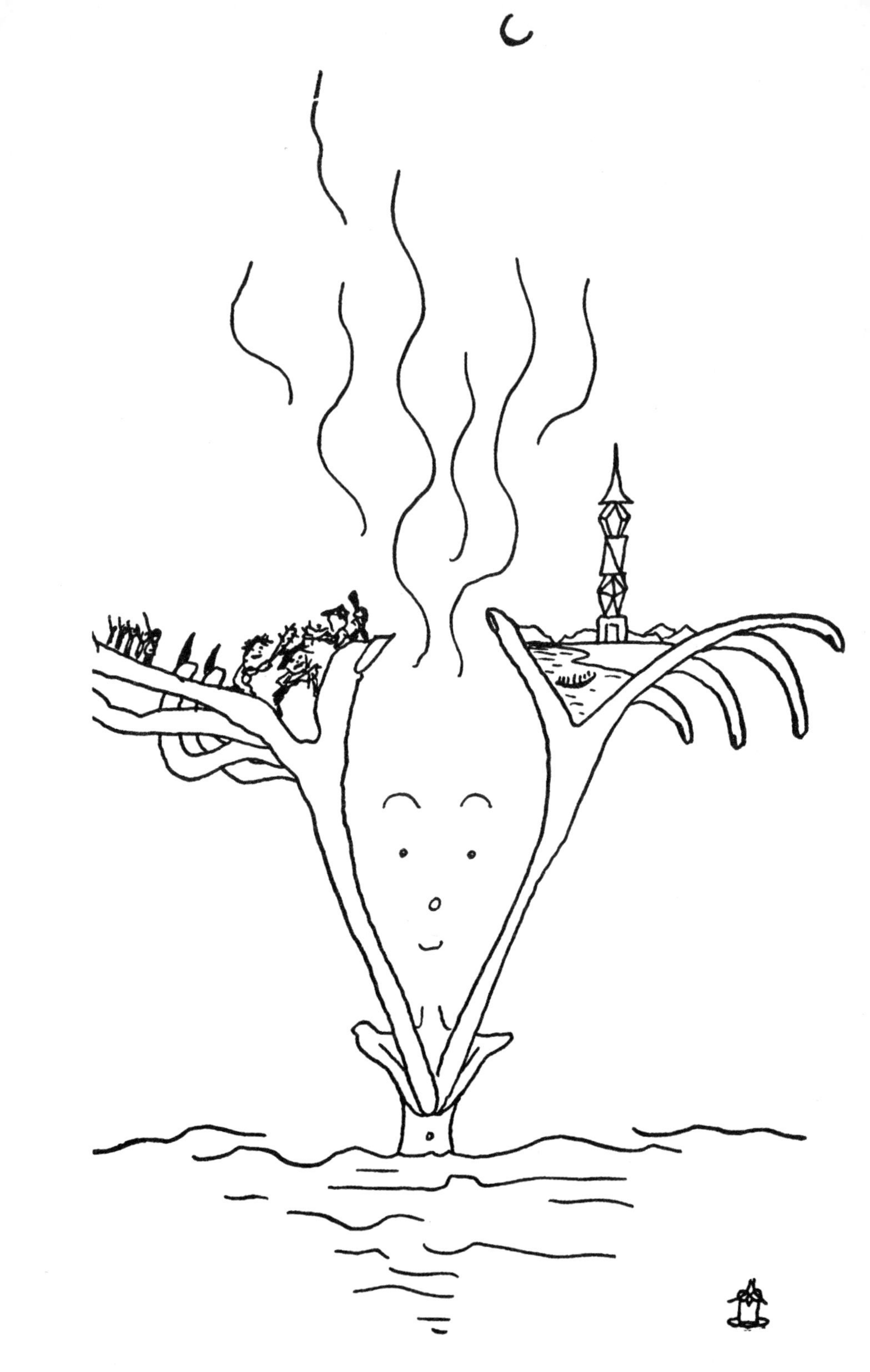

（6）不要草率地下结论。

（详见第1、2、3节）

（7）不要因为直觉有时是错的就弃而不用。

读一读法拉第[①]或者其他伟大科学家的原著，

你会惊讶地发现，

他们的科研成果很多都始于“直觉”。

但是，

（8）不要认为所有的直觉都正确！

有些可能错得离谱！

谨慎利用你的直觉！

不断激发你的直觉，

但也要加以约束！

（9）评价某些表述和理论时，

试着从科学、数学或艺术等

人类长期从事的重要活动入手，

---

① 迈克尔·法拉第（Michael Faraday，1791～1867），英国物理学家，化学家，发现电场与磁场的联系。

因为它们比其他任何事物
都更能揭示“人性”。
从这些活动中，
你会看到国际主义和民主
深深根植于人类精神之中。
（详见第6节）

（10）你也可以看到，
数学不仅对工程师
和那些使用公式的人有帮助，
它对每个人都至关重要。
因为数学不仅是一种思维方式，
更是一种生活方式。

（11）大部分的数学课都充斥着大量的技巧，
并没有留给我们时间去思考这些问题。
我们必须不时地停下来，
抛开技巧，
看看能不能从中
得到一些人人可用的普世思想。

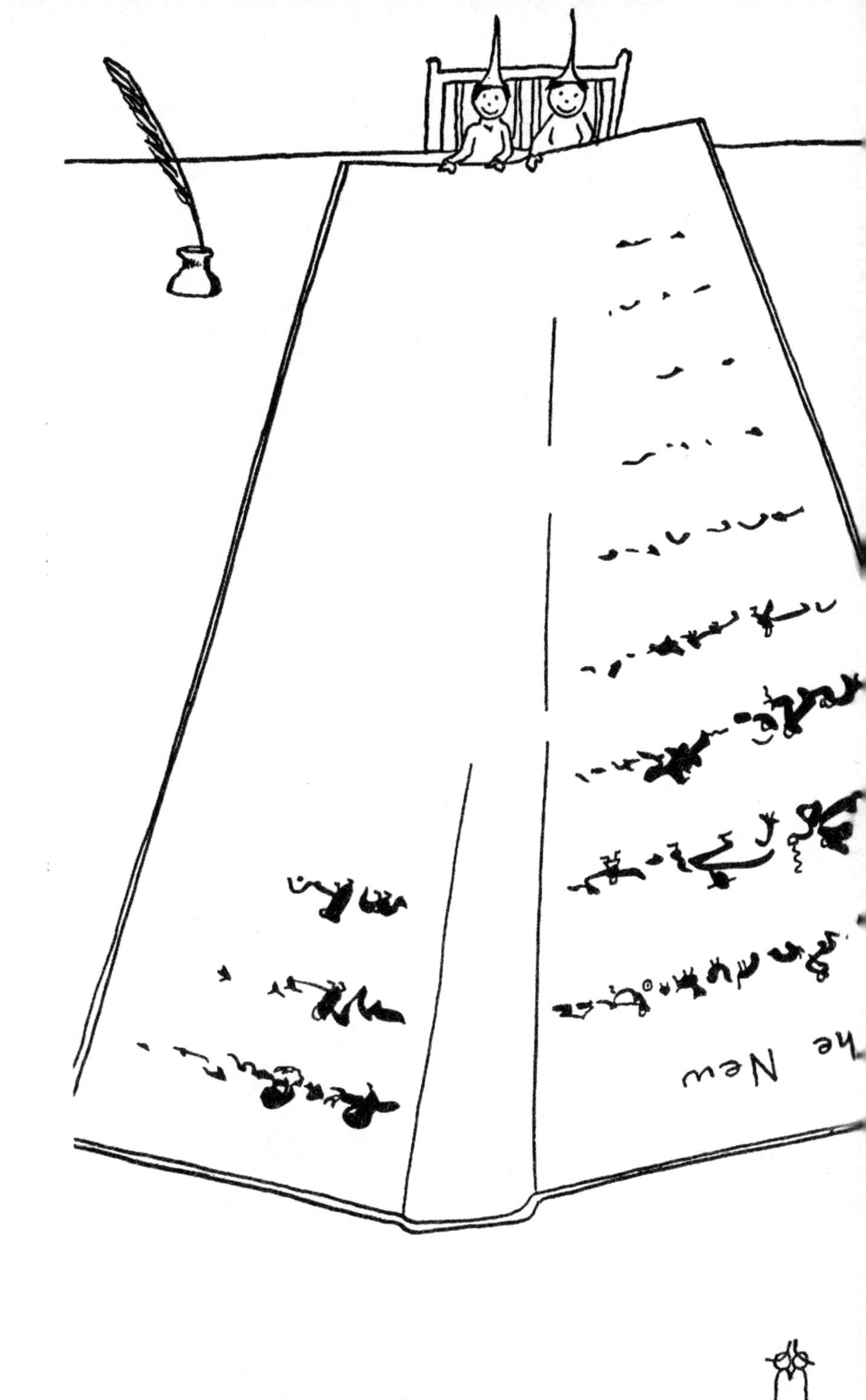
he New

第二部分

奇妙新世界

a
B.
C.
Text

第12节

新式教育

现在你知道，

代数是一般化的算术，

可以解决更难的问题；

几何学不仅研究二维和三维图形，

还是一门样本学科，

其整体结构建立在一些基本假设之上，

可以作为任何思想体系的“模型”；

解析几何用处颇多，

是代数和几何相结合的产物；

微积分是研究动态世界的有力工具。

你也知道，数学之所以有用，

不仅因为它是一门技术，

更因为它是一种思维方式：

它清晰、精准、简洁、多元。

只要我们稍做深入研究，
哪怕几乎不使用数学技巧，
也能从中得到许多启发
（见第一部分的总结）。

也许你会说："我们还能用数学做什么呢？"

事实上，
第一部分提到的所有数学分支，
都是在牛顿（1643～1727）所处的时代发现的。

1665年左右，牛顿发明了微积分；
1637年左右，笛卡尔创造了解析几何；
公元前300年左右，欧几里得创立了几何学。
我们在高中和大学里学习的
大部分代数知识都产生于
公元前3000年到牛顿生活的时代。

因此，
普通大学生毕业时的数学知识

仅仅停留在300年前的水平。

但是，

在过去的100年里，

新的数学知识不断涌现，

数量比前几个世纪的总和还要多！

如果在物理学中也是如此，

那么这些大学毕业生甚至可能连

飞机、汽车、收音机都没听说过。

物理学的发展可不能这么缓慢！

那为什么数学就可以呢？

也许是现代数学太过晦涩，

所以能够理解之人寥寥可数？

根本不是这样！

当然，

确实只有少数天才才能创造这些数学知识，

但是这些新知识并不比任何旧知识更难理解。

也许是某些教育家疏于教学所致？

可是迷思先生不知道自己错过了什么，

也就无从抗议！

我们认为

迷思先生能从现代数学理念中得到

更智慧、更广阔的人生观！

读一读下面几节，

看看你是否同意我的观点。

第13节
常识

我们已经说过，

研究几何学的主要价值之一

在于它可以成为任何学科

或者任何思想体系的模型。

它从一些基本思想入手，

再运用逻辑推导出其他所有理念或“命题”。

欧几里得把这些基本思想

看作是“不言自明的真理”；

在他看来，

有些思想直白易懂，

无需再费唇舌解释。

例如，

他认为三角形“内部”、

“外部”的含义显而易见，

没有必要加以定义。

毫无疑问，

目前迷思先生也觉得

这是傻瓜都知道的“常识”。

但他很快就会看到

这种“常识”带来的麻烦，

比如下面这个荒谬的命题：

“如果一个三角形不是等腰三角形，

那么它必然是等腰三角形”！

（你当然记得等腰三角形有两条边相等）。

为了证明这一点，

你可能需要回忆一些高中的几何知识，

放心，这无伤大雅。

已知AB不等于AC；

现在我们要证明AB等于AC！

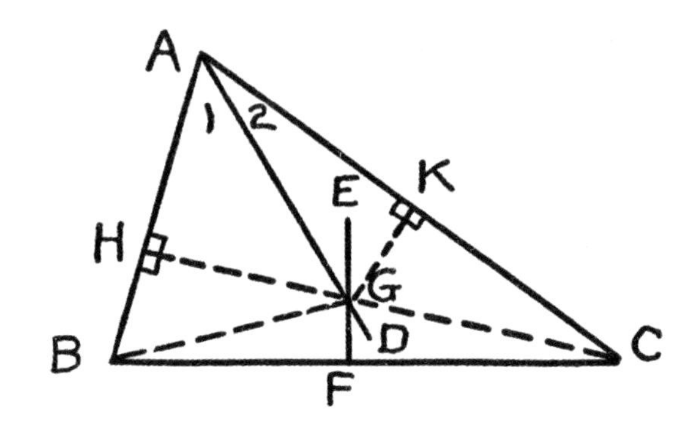

首先作一条直线AD，

使∠1 = ∠2；

然后作FE垂直平分BC。

现在，

如果三角形是等腰三角形，

AD和EF将会是同一条线，

但是因为三角形不是等腰三角形，

所以AD和EF一定相交，

交点为G。

现在分别连接BG和CG；

作GH垂直于AB，

作GK垂直于AC。

因为线段垂直平分线上任意一点

到线段两端的距离相等，

所以BG = CG。

（这是几何中一个著名的命题，还记得吗？）

且GH = GK，

因为角平分线上任意一点到角两边的距离相等。

（这是另一个著名的命题，手边放一本几何书吧！）

这样一来，

△BGH≌△CGK，

因为如果两个三角形的斜边和一条直角边对应相等，

那么这两个直角三角形全等。

（又要求助于几何书了！）

因为全等三角形的对应边相等，

所以BH = CK（1）。

同理，

因为△AGH≌△AGK，

所以AH = AK（2）。

然后，

将（1）和（2）相加，

可得AB = AC，

也就是说，

三角形中两条不相等的边一定相等！

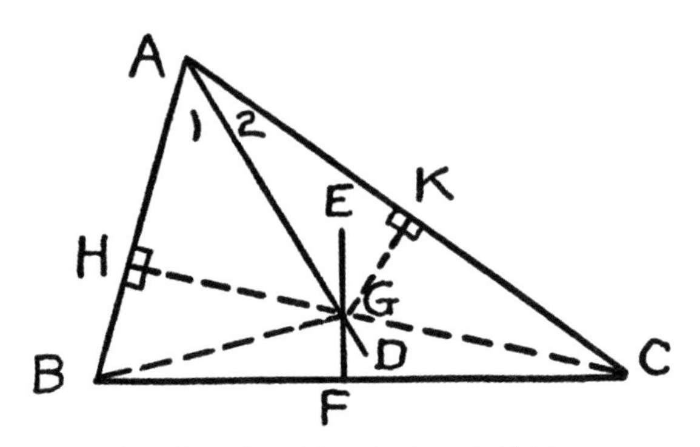

你可能和其他数学家一样不喜欢这个结果。

如果你还清楚地记得几何知识，

就会马上发现问题所在：

AD和EF确实相交，

但是并非如图所示，

而是相交于三角形外部，

如图所示：

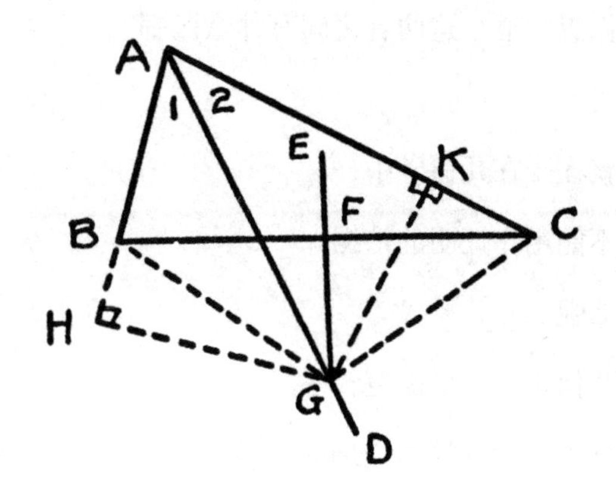

在上图中，

△BGH≌△CGK，

所以BH＝CK。

同时，△AGH≌△AGK，

所以AH＝AK。

但是AB≠AC，

因为AH+BH不再等于AB

（尽管AK+KC依然等于AC）。

因此，

我们不会得出之前那个荒谬的结论。

但是还没结束！

因为你是用图形来证明你的观点，

而不是逻辑！

也许你想知道“这两者之间有什么区别？！”

区别就在于在几何学中，

图形不能用作证明的依据。

为什么呢？

因为几何是一门借助逻辑手段，

根据基本假设推导出定理的学科。

如果三角形的“内部”和“外部”

从未被定义过，

那么任何论证都不能基于

这样一个不存在的定义。

你认为这只是文字游戏吗？

数学家们也曾被这种事情愚弄过，

所以现在更为谨慎。

我们希望迷思先生也能多加小心，

难道他愿意被指控犯了一项

还未列入法典的罪行吗？

难道他不会感激律师为他辩护

“默认的”法律毫无效力吗？

吃一堑，长一智，

数学家们慢慢学会了

不把论证建立在“默认的”假设之上。

也许这会让你想起现代心理学中的一些案例，

在这些案例中，

“潜意识”会对一个人的神经系统造成很大的伤害。

如果将潜意识的想法变为意识，

就可以找到困难的根源，加以消除。

因此，

挖掘潜意识以及

消除引起这些潜意识的偏见和错误想法，

是现代的一个发展趋势。

寓意：揭示“默认的”想法，保持理性。

第14节

自由与放纵

正如刚才所见，

现代数学研究的主要任务之一，

就是阐明欧几里得“默认”的假设。

至少让上一节中那种“伪证明”

不会出现在欧氏几何中。

但是，

让“伪证明”在其他证明领域不再出现，

也不允许任何“默认”假设的存在，

我们就可以效仿那些数学家，

并从他们的经验中获益吗？

可以，但这不是全部！

如果这些“不言自明的真理”

不是默认的，而是明文规定的，

又该如何呢？

这么说吧，

有一条真理就算在当时也不那么“不言自明”：

“过直线外的一点，

有且只有一条直线与这条直线平行”，

这就是著名的“平行公理”。

欧几里得没有认为它是“不言自明的”，

而是尝试着进行证明，

但是没有成功。

因此，虽然缺乏论证，

他也只能把它作为“不言自明”的真理。

在之后的几百年里，

很多杰出的数学家都试图证明这个公理，

但均以失败告终。

最终，

在1826年，发生了一件不可思议的事情。

几个数学家（罗巴切夫斯基[1]、波尔约[2]、高斯[3]）

同时想到：

这一说法不仅不是“不言自明的”，

甚至在某种条件下它是不成立的！

因此他们开始研究，

假设：

“通过一个给定点（直线外一点）

可以画两条直线平行于这条直线，

一条向右，一条向左。”

也许迷思先生会立即反驳说：

“这是不可能的”。

他会满怀兴致地画一个这样的图：

① 尼古拉斯·伊万诺维奇·罗巴切夫斯基（Nikolas lvanovich Lobachevsky，1792～1856），俄罗斯数学家，非欧几何的早期发现人之一。

② 波尔约. J（Janos Bolyai，1802～1860），匈牙利数学家，非欧几何创始人之一。

③ 约翰·卡尔·弗里德里希·高斯（Johann Carl Friedrich Gauss，1777～1855），德国数学家，近代数学的奠基者之一。

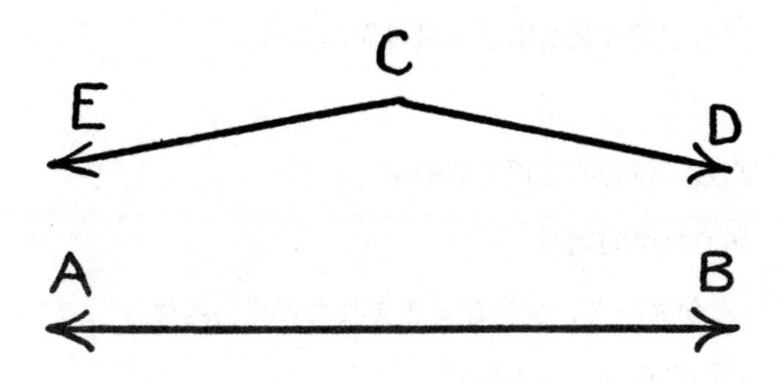

并且说：

“难道你看不出来

如果经过C点画两条不同的线，

如上图所示，

没有一条线会与AB平行？

因为CD将会在右边某点与AB相交，

CE将会在左边某点与AB相交，

只要有点常识就能看出来。”

但是我们必须提醒迷思先生“常识”并非不好，

只是使用时必须更为谨慎，

（不要忘记第1、2、3节，还有第9节的内容。）

我们必须反复提醒他，

不要轻易使用图形，

唯有逻辑才是清晰思考最可靠的工具。

当这三位聪明绝顶的数学家

研究这个问题时

（顺便提一句，他们都是各自独立研究问题的），

他们发现这个奇怪的假设

没有造成逻辑上的谬误，

反而推导出来了一个完全不同的几何学！

在这个奇特的几何学中，

三角形内角和不再是180度，

著名的勾股定理也不再成立，

但是逻辑推理却毫无破绽！

迷思先生可能会说：

“那又怎样？这不过是几个不切实际的

数学家头脑发热、胡言乱语罢了，

他们违背常识，

用所谓的逻辑，推导出这荒谬的结果，

难道我还要为此感到高兴吗？”

好吧，迷思先生，

如果我们告诉你，

在1868年，

一个叫做贝尔特拉米[1]的人

发现所有这些内容不是异想天开的胡话，

是真的可以应用在一个“假想球面”上，

你会怎么说？

于是他明白了，

欧氏几何只适用于平面，

比如一块普通的黑板或者一张纸，

而研究其他类型的表面，

则需借助其他几何学，

这样就说得通了。

例如，

欧氏几何不适用于地球表面，

因为在地球表面，

一个三角形的内角和不等于180度：

---

① 贝尔特拉米（Eugenio Beltrami，1835～1899），意大利数学家，贝尔特拉米研究了非欧几里得几何学，开拓了超空间的几何学，还对弹性学的发展作出了贡献。

这个三角形是由赤道上的弧线

和从北极引出的两条经线围成的；

在这里，

两个底角都等于90度，

因此三个角的和不等于180度。

那么，

那些“不言自明的真理”是怎么回事儿呢？

很显然，

上面提到的欧几里得平行公理

和非欧几里得平行公理

（允许过一点画出两条平行线）

都是成立的，

只不过它们适用的表面不同！

于是渐渐地，

数学家们不再像欧几里得那样

把基本假设当成“不言自明的真理”，

而是仅将其视为假设。

换言之，

数学家现在会说，

我现在所追求的就是做出一些假设，

再用逻辑进行推导，

且不会自相矛盾。

我不太关心是否能找到一种表面

让某种几何学成立，

因为我的工作是找出清晰思考的益处。

在某种程度上来说，

这是一个心理问题。

我发现在某些方面我拥有极大的自由；

而在另一些方面，我却受到束缚：

也就是说，

我可以随意选择自己喜欢的基本假设，

但是它们不能自相矛盾。

这样一来，

我就可以发展出各种类型的思维体系。

令我惊喜的是，

它们中的大多数都可以应用于现实世界。

从过去的历史来看，

我感觉更多的理论会在未来得以应用。

好奇心和愉悦感驱使着我

创造了这个非凡的数学世界。

或许外行人听起来很奇妙，

但对我来说这一切不仅引人入胜，

更有力地解释了

“人类思维到底是什么？”的问题。

人们非常清楚自由和放纵的区别：

他们知道自己不能将任何会引发矛盾

进而毁灭体系的事物引入体系之中。

那些伪自由主义者，

他们试图引进的一些民主想法会摧毁民主制度本身。

他们应该明确说明他们认为的民主基本准则是什么。

他们可能会发现，

他们呼吁的事与自己的基本理念相互矛盾。

他们不得不承认，

言论自由也要有限度，

不能用来反驳民主的其他准则。

因此，

$\int$
$\frac{dy}{dx}$

即便是在民主制度中，

允许民主的敌人利用言论自由

来摧毁民主也不合逻辑！

同样，

企业的自由也必须受到民主准则和规范的制约。

许多人在解释某些概念时往往信口开河，

因为他们没有受过训练，

无法像数学家那样细致入微地检视这些理念。

千万不要像伪思想家那样争论不休，

我们必须尝试清晰地思考，

这种方式应该

安静平和、诚实真挚、

细致严谨、有理有据。

寓意：不要异想天开，用数学思维进行思考。

第15节

傲慢与偏见

看到这里，

希望你不会再认为，

“美好而古老的欧氏几何是这世上唯一的几何；

尽管高中时欧几里得让我焦头烂额，

但他仍然值得尊敬。”

《哈弟遇上大闺女》[①]中的哈弟太太认为

“好人永远不会改变”，

对此你应该不会同意；

但你或许会认同已故的

美国最高法院大法官

本杰明·N·卡多佐[②]的说法：

“要注意，思想狭隘之人会把任何习惯上的改变

都当成灾难性的巨变。”

① 《哈弟遇上大闺女》，1940年上映的美国电影。

② 本杰明·N·卡多佐（Benjamin N. Cardozo，1870～1938），美国社会法学派大法官，美国历史上最伟大的法官之一。

不过，

你要是仍然心存疑虑，

就来看看这节吧，

这里的几何图解简单易懂、令人着迷，

会让你的头脑更加灵活。

准备好，放轻松，

畅游在这个变化莫测的世界之中吧。

不过你要注意，

虽然在数学领域中，

新的想法层出不穷且广受欢迎，

但是它们可不仅仅是“偏激”孩童的胡言乱语。

提醒完毕，让我们出发吧！

你当然知道，

在欧氏几何中，

在一个平面上甚至是一条直线上，

都存在无数个点。

不过，这里要说的几何却并非如此。

在这里，

这种几何只有25个点，

因而得名有限几何。

用A到Y这25个字母

来表示这25个点。

再把这些字母列成三个方阵，

如下图所示：

A	B	C	D	E	A	I	L	T	W	A	X	Q	O	H
F	G	H	I	J	S	V	E	H	K	R	K	I	B	Y
K	L	M	N	O	G	O	R	U	D	J	C	U	S	L
P	Q	R	S	T	Y	C	F	N	Q	V	T	M	F	D
U	V	W	X	Y	M	P	X	B	J	N	G	E	W	P

现在，我们假设：

（1）一条“直线”是指

上面三个方阵中任意的一行或一列。

（2）一组点对与另一组点对“全等”，

是指两组点对都在某行上（或某列）上，

而且，

两组点对中，各点之间的步数相等。

A B C D E	A I L T W	A X Q O H
F G H I J	S V E H K	R K I B Y
K L M N O	G O R U D	J C U S L
P Q R S T	Y C F N Q	V T M F D
U V W X Y	M P X B J	N G E W P

由此，

AB≌HI，

QS≌MX

（即便QS在第一方阵的行上，

而MX在第二方阵的行上），

AK≌WD，

以此类推。

但是，

AB不全等于GI。

另外，

AB≌TP，

是因为TP间的步数为1

（见第一方阵）：

即，

如果数到一行（或一列）的末尾，

需要跳回到该行（或该列）的开头，

继续计数。

还有，

AB不全等于AF。

因为AB位于行上，

而AF位于列上。

假设（2）中提到，

两组点对必须都位于行上或者列上，

而不能一组位于行上，

另一组位于列上。

还要注意，

这里所说的“全等”，

不同于欧氏几何中的“全等”。

后者的“全等”与“距离”相关，

两条线段只有在可以完全重合时，

才能称之为全等；

而这里所说的全等，

与“距离”和“重合”无关，

只与“步数”有关。

同样，

这里所说的“直线”，

也不同于欧氏几何中的直线。

直线在这里仅指任意的行或列。

为了更好地强调它们之间的区别，

我们把方阵按如下方式排列：

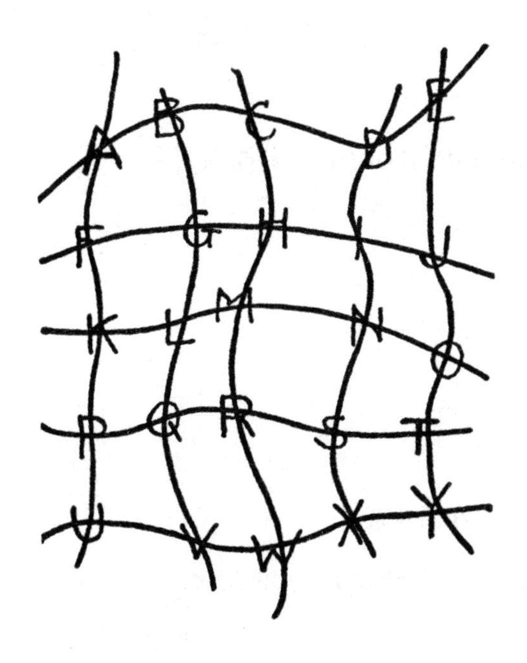

现在，

把ABCDE称作一条“直线”，

你就不会再感到困惑了吧。

为什么呢？

因为这就是（1）中制定的“游戏规则”。

如果两条直线中不存在相同的点，

我们则称这两条直线“平行”。

“平行”一词很贴切，不是吗？

因此，

KLMNO//FGHIJ，

因为KLMNO与FGHIJ没有共同的点；

但是，

ABCDE 不平行于 BGLQV，

因为这两条直线上都有B点。

当然，

这里不存在两条直线

“充分延长”后相交于一点的情况。

因为25个点一目了然，不存在其他的点，

所以在这里，直线无法延长。

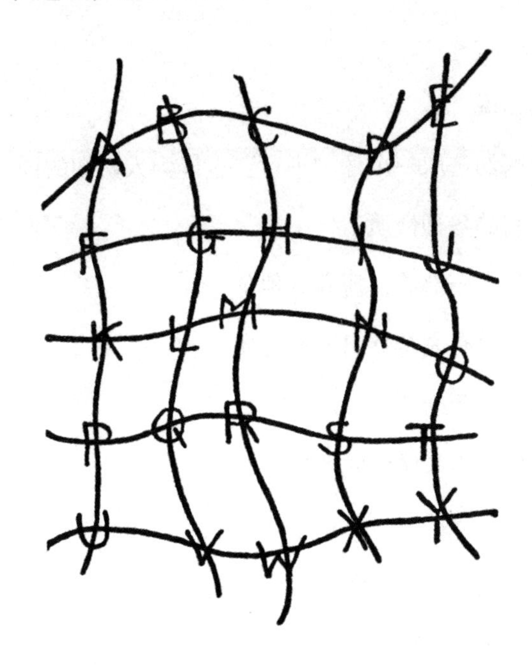

注意，

在欧氏几何中，

两条“平行”直线不仅没有交点，

而且，

两条直线间的距离“处处相等”，

但在这里“距离”无关紧要，

没有这一条件，

我们便可以认为

像BGLQV和EJOTY这样的两条直线互相平行。

换句话说，

数学家们选取一个像“平行”这样为人熟知的词，

研究它的各种性质，

保留其中一部分，摒弃其他部分，

这样既没有完全背离原有性质，

又获得了新的特性，

新的理论体系便由此产生。

这种方式或许可以提示迷思先生

如何寻找新事物：

无需完全推翻过去，只需加以改造修饰，

便能使其适应新的需求。

记住，

只需改变一个假设（见第14节），

便可以得到一个全新的几何！

现在让我们来看看，

在新的设定下，三角形是什么样子。

例如，

取H、L、R三点构成一个三角形，

则三个顶点分别为H、L、R，

三条边分别为HL，LR和HR。

由于线段只能位于行上或列上，

不能在斜线上，

因此，

我们在第三个方阵中取边HL，

在第二个方阵中取边LR，

在第一个方阵中取边HR，

由此得到的三角形支离破碎，

仿佛毕加索[①]的画作

《阿莱城的姑娘李·米勒》[②]中的那个姑娘一般。

恰好，

此三角形的三边都全等

（它们都在列上，且每个点对的步数都为2）。

因此它是一个等边三角形。

① 巴勃罗·毕加索（Pablo Picasso，1881～1973），西班牙画家、雕塑家，现代画派的代表。

② 《阿莱城的姑娘李·米勒》，20世纪初毕加索创作的一幅油画。

同理，

△ABJ是等腰三角形，而非等边三角形，

△AST既不等腰也不等边。

在有限几何中，

圆的定义仍是点的集合，

圆上任意一点和圆心组成的点对都全等，

因此，

设A为圆心，AB为半径，

则点B、E、I、W、X和H都在圆上。

因为AB、EA、AI、WA、AX和HA都全等，

所以在这里，

一个圆上只有6个点。

A B C D E　　A I L T W　　A X Q O H
F G H I J　　S V E H K　　R K I B Y
K L M N O　　G O R U D　　J C U S L
P Q R S T　　Y C F N Q　　V T M F D
U V W X Y　　M P X B J　　N G E W P

你可能会很惊讶，

这小小的几何内容虽然不多，

但是几乎所有的欧几里得公设

在这里都有意义，

许多欧几里得定理在这里也都成立。

比如，

三角形的三条高线交于一点；

三条中垂线交于一点；

三条中线也交于一点。

此外，

三条中线的交点位于三条高线交点

与三条中垂线交点的连线上，

且把该线段分成2：1的两部分，

这也与欧氏几何相同。

此外，

如果一个四边形的两条对边相等且平行，

则其他两条对边也相等且平行；

平行四边形的两条对角线互相平分；

菱形的两条对角线互相垂直；

圆上的每一点有且只有一条“切线”

（即这条线和圆有且只有一个交点）。

事实上，

圆锥曲线的全部理论在这里都可能适用，

以此类推。

有些愤世嫉俗者可能会说："那又怎样？"

一旦听到这种说法，我们就要指出：

（1）实际上，

有限几何与代数和数论中的

某些问题大有关系！

（所以你看，

愤世嫉俗先生先别急着说它一无是处，

或许你这么想，

只是因为你学识浅薄！）

（2）注意，

图形不是几何学的基础，

逻辑才是。

所以你才会看到那些

奇形怪状的三角形和支离破碎的圆。

这一切都是为了

让我们注重事物之间的联系，

摒弃原有偏见。

我们要意识到，

逻辑才是几何学的基础，

无关乎图形！

寓意：谨防表象，保持清醒！

一些事物纵然美好而古老，

但请拨开表象，找出真谛。

其间你或许会遇到各种

“光怪陆离”、“支离破碎”、

充满现代主义的事物，

不过千万别被吓到，

因为比怪异之事更为可怕的

是根深蒂固的偏见！

第16节

2×2不等于4

或许现在你的思维已经很现代化了，

那些奇形怪状、支离破碎的三角形和圆形

也不会再让你感到困扰，

你甚至乐于承认其中自有妙处。

但是“$2\times 2\neq 4$”

这简直令人难以置信！

让我来解释一下。

正如我们所见，

拓展几何学的一种方法

就是选取某个为人熟知的词，

比如“平行”，

扩展其含义进而产生新的用途。

对此，你可能尚未察觉，

但在代数中，

你已有过类似的经历：

举个例子，

在刚开始学习代数时，

你知道“负数”不同于算术中普通的“正数”。

因此，

如果用直线上的点表示数字，

可以把正数放在零的右侧，

把负数放在零的左侧，

得到以下图示：

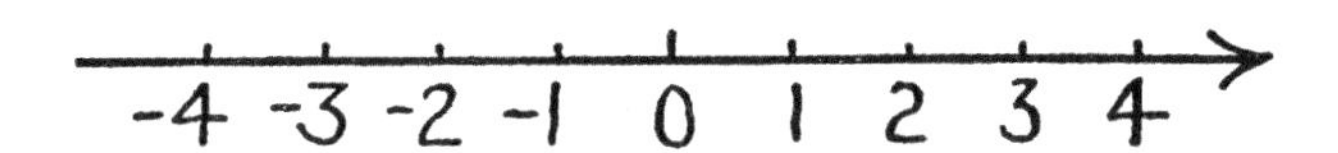

在代数中，

你会接触到在算术中没有的负数。

你一定知道，

这些负数和正数一样“实用”，

例如，

零下5度（–5°）和零上5度一样“真实”，

不信就问问海军上将伯德[1]吧！

负债50元（-￥50），

虽然不像有50元那么令人愉快，

却也同样“真实”，

不信就问问那些因欠债而被起诉的人吧！

接下来你需要弄清楚

负数的“加法”和“乘法”。

或许你记得这些新的定义，

也记得起初学习时的新奇感。

正数和负数的“相加”法则为：

“异号两数相加，取绝对值较大的数的符号，

并用绝对值较大的减去绝对值较小的。”

或者，

简单地说，

如果你用-5元“加”3元，

① 理查德·伊夫林·伯德（Richard Evelyn Byrd，Jr.，1888～1957），美国海军少将、航空先驱者，也是一名极地探险家。

会得到–2元，

因为如果你负债5元（–￥5），

而手里有3元（￥3），

如果想平衡账目的话，

在偿还部分欠款之后，

还欠2元。

换句话说，

“加法”在这里意味着“平衡账目”。

当你算“加法”时，

有时候其实是在算“减法”，

你应该很清楚这一点！

事实上，

代数意义上的“加法”，

就是算术意义上的“减法”。

如果你清楚代数中“加法”

和算术中“加法”的不同之处，

就不会觉得困惑了。

因此，

正如之前所说，

为了在数学领域中取得进展而改变某个词的含义，

对此你早已有所体会。

那些掌握基础物理知识的人，

对于“加法”的另一个含义也不会陌生：

例如，

将2牛[①]按指定方向作用于物体A上，

并将另一个2牛从另一个方向作用于A，

如图所示：

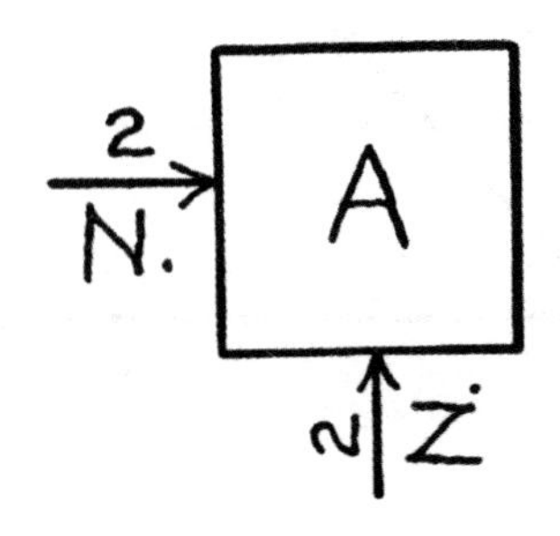

那么，

物体A会朝哪个方向移动？

推动它的力到底有多大？

你可能还记得可以用“力的平行四边形法则”

来解决这个问题，

① 牛，力的单位，使质量1千克的物体产生1米/（秒的平方）的加速度所需的力就是1牛顿。1牛顿等于（10的5次方）达因。这个单位名称是为纪念英国科学家牛顿而定的，简称牛。

如下图所示：

画两条线BD和BE，

代表这两个力的大小和方向，

可得：

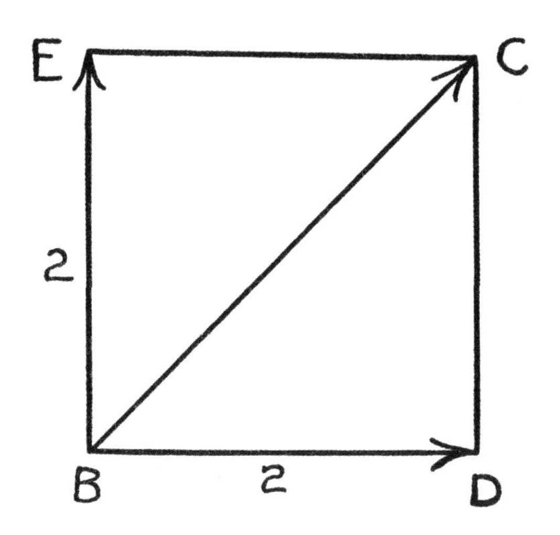

然后画出DC和EC，

构成一个平行四边形；

则BC就是这两个力的“合力”或“和”。

接下来，

利用△BDC很容易算出BC的长度，

在本例中，合力大约为2.83牛。

也就是说，

在这里，

$2+2\neq4$，

而是等于2.83！

而且，

如果∠B不是直角的话，

那么结果又会不同。

因此，

在物理学中，

力的“加法”必须考虑到力的夹角，

因为夹角不同，

2＋2的结果就不同！

你得承认这些内容条理清晰，

也完全说得通，不是吗？

现在，我们更加认识到，

在数学领域中，只要不相互矛盾，

我们便可以随意提出自认为有用的假设。

我们还可以构建出许多不同的代数学和几何学，

实际上有的已经被构建出来了。

其中一些的应用更是令人叹为观止，

比如，

你可以利用布尔代数[1]（应用于逻辑学中）

检测一篇法律声明的一致性，

只需在布尔代数中

以“代数”形式表示这些声明，

再运用其运算法则进行后续的计算！

布尔代数还可以为一般的“生活情境”

提供清晰的研究思路，

但是目前，其用处尚未得到完全开发。

现在，为了让你了解一种

完全陌生的代数，

我们要向你介绍

由数学家亨廷顿[2]教授构建的一种小型有限代数。

这种代数的基本假设

和普通代数的所有假设几乎一致，

除了一条，

① 布尔代数，布尔于1850年首次提出这一概念，源于数学领域，是一个数学公式，用于集合和逻辑运算。

② 亨廷顿（Huntington, E. V. 1874 ~ 1952），美国数学家，于1904年提出亨廷顿公理系统（Huntington axiomatic system），通常用来定义布尔代数。

就是它只有九个数：

0, 1, 2, 3, 4, 5, 6, 7, 8。

但是，

你不能把这些数字

看作你熟知的普通数字，

而要把它们当作九个符号，

好比在玩一个新游戏，

你需要按照特定规则使用这些符号。

下面有两个表格，

便于你查找任意两个数字的

“和”或“积”：

“和”表

	0	1	2	3	4	5	6	7	8
0	0	1	2	3	4	5	6	7	8
1	1	2	0	4	5	3	7	8	6
2	2	0	1	5	3	4	8	6	7
3	3	4	5	6	7	8	0	1	2
4	4	5	3	7	8	6	1	2	0
5	5	3	4	8	6	7	2	0	1
6	6	7	8	0	1	2	3	4	5
7	7	8	6	1	2	0	4	5	3
8	8	6	7	2	0	1	5	3	4

“积”表

	0	1	2	3	4	5	6	7	8
0	0	0	0	0	0	0	0	0	0
1	0	1	2	3	4	5	6	7	8
2	0	2	1	6	8	7	3	5	4
3	0	3	6	4	7	1	8	2	5
4	0	4	8	7	2	3	5	6	1
5	0	5	7	1	3	8	2	4	6
6	0	6	3	8	5	2	4	1	7
7	0	7	5	2	6	4	1	8	3
8	0	8	4	5	1	6	7	3	2

由图表可得：

$2+2=1$

$7+1=8$

以此类推。

以及

$5\times7=4$

$2\times2=1$

$8\times0=0$

以此类推。

有趣的是，

0 1 2 3 4 5 6 7 8

正如现在的诸多几何学一样，

代数学的种类也可能不一而足。

2×2是否等于4，

取决于所用的代数方法；

由于所有的代数学和几何学都是人类发明的，

因而其中任何一种都不是绝对的，也并非真理；

但是，

其中许多乃至全部都大有用处。

尽管人类尚未发现，

也可能永远不会发现真理，

不过，

只要人类充分运用自己的思考能力，

就能做得非常好！

但是，

这并不意味着人类可以对上帝出言不逊：

“看呐，我和你一样伟大，

我完全不需要你，

凭我自己的推理能力，

一样可以做得很好。”

但事实并非如此！

恰恰相反，我们要时刻谨记，
人类远没有上帝那么伟大，
因为人类可能永远不会知晓真理。

这告诉我们，
人类应当谦逊谨慎，不该自鸣得意！
人类只有人的理性，没有上帝之智。
如果充分发挥自己的能力，
确实可以收获令人敬佩的成果，
但是千万不能吹嘘自己“知晓”真理！

寓意：在第7节的末尾我们说过：
“像个男子汉，不要做胆小鬼！”
现在再加上一句，
“像个男子汉，但不要妄想扮演上帝！”
简而言之，
迷思先生，“做你自己！”

第17节

抽象——现代风格

在第8节讲述“抽象”的重要性时，

我们承诺会再谈谈

现代人所使用的抽象方法。

好了，

既然你领略过一些新奇的代数与几何，

你就应该能够欣赏一个更加抽象的体系：

在这个抽象体系中，

我们所使用的元素不再是点或数字，

而是下列四种“物品”：

“粉笔”、“红酒”、“椅子”、“桌子”，

求任意两种元素的和或者积，

请参照下表：

“和”表

	粉笔	红酒	椅子	桌子
粉笔	粉笔	红酒	椅子	桌子
红酒	红酒	椅子	桌子	粉笔
椅子	椅子	桌子	粉笔	红酒
桌子	桌子	粉笔	红酒	椅子

“积”表

	粉笔	红酒	椅子	桌子
粉笔	粉笔	粉笔	粉笔	粉笔
红酒	粉笔	红酒	椅子	桌子
椅子	粉笔	椅子	粉笔	椅子
桌子	粉笔	桌子	椅子	红酒

因此，

椅子 + 红酒 = 桌子

红酒 × 粉笔 = 粉笔

以此类推。

当然，

粉笔、红酒、相加、相乘等词与普通含义不同，

要按照我们制定的规则或假设进行运算。

为了不让读者感到困惑，

我们以⊕和⊗表示抽象的加法和乘法；

以+和×表示普通的加法和乘法。

当然，

⊕和⊗并没有具体含义，

现代数学家便可以自由地

创造与发展各式各样的理论体系。

如果把其中一些体系

用于解决定解问题，

可能会极具实用价值。

不过，

数学家要做的是保留其抽象形式，

以便在需要时派上用场。

由此，

你可以看出，

越来越抽象化是现代数学领域中

一个重要的发展趋势。

你也会发现抽象是自由与力量的源泉。

在第20节中你将见证，

抽象赋与了现代艺术生命，

滋润了现代艺术灵魂。

寓意：拥抱现代，学会欣赏抽象。

第18节

第四维度

你可能会说：

“好吧，我愿意承认，

如果我们提出各种假设，

赋予旧词新义，

就可能产生不同的几何学和代数学。

但是我始终觉得

这个世界上存在真理。

我承认“$2 \times 2 = 4$”

不算是一个合适的例子。

但是，

现实世界中是否存在真理呢？

诚然，

我们不能随意假设。

因为我们不仅受制于清晰的数学思维

（可以避免自相矛盾情况的发生）；

还受制于客观事实，

我认为这些事实都是真理！”

不过迷思先生，

你受过良好的教育，

所以可能会举出如下例子：

“比如，

假设某个人，我们称他为K先生，

希望测量从O到A的距离。

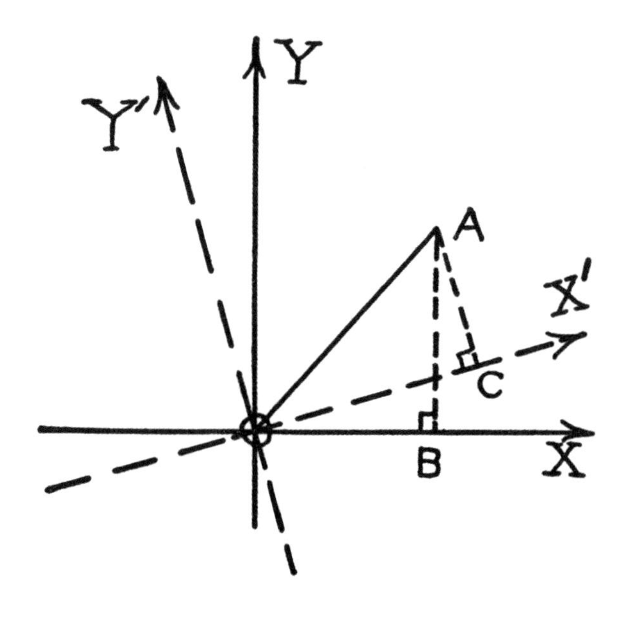

但是，

由于某种原因，

他无法直接测量，

只能通过X轴和Y轴测量OB和AB，

从而间接求得OA的距离

（像许多三角函数问题一样）。

他可以使用勾股定理来计算，即：

$OA=\sqrt{(OB)^2+(AB)^2}$。

接下来，

有一位K'先生，

觉得使用X'轴和Y'轴比较方便。

他可以先测量出OC和AC的长

（不像K先生那样测量OB和AB），

然后计算出OA的值：

$OA=\sqrt{(OC)^2+(AC)^2}$。

但是请注意，

尽管K先生和K'先生测量的方法不同，

但是得到的结果相同！”

迷思先生对第一部分印象深刻，

他看到了各种可能性的存在。

于是他继续说道：

“还要注意，

假设还有一个特立独行的K"先生，

更愿意使用X"轴和Y"轴，

如下图所示：

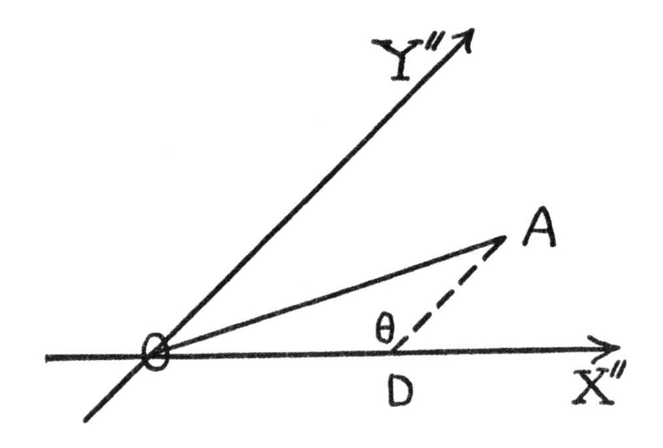

只要使用三角学中一个著名公式

$AO=\sqrt{(OD)^2+(AD)^2-2(OD)(AD)\cos\theta}$，

他就能算出OA的长度

（尽管他现在需要测量OD和AD），

并得出相同的结果！

因此，

尽管K先生、K'先生、K''先生

和其他人的计算方法不同，

却仍然可以‘共事’。

因为他们的结果一致

（即OA的长度相同），

这不就是一个客观事实嘛！”

正因如此，

我才相信睦邻友好政策的可行性，

每个人可能都会有点个人主义，

但是仍然能够就某些事实达成一致。

好吧，

迷思先生，

我们基本同意你说的一切，

但是，

我们仍然认为人类不知道，

也可能无法“知晓事实”。

不过，

你对于睦邻友好政策的看法尚可接受。

为了表明立场，

我们先来谈谈什么是“维度”。

你很清楚，

平面上的任意一点都可以由一对数字表示：

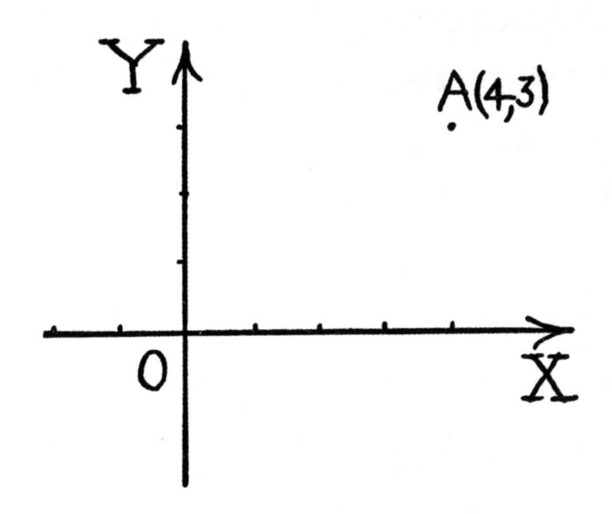

A点可由（4，3）表示，

因为它是由O向右移动4个单位，

再向上移动3个单位得到的。

平面上的任意一点都是如此。

因此，

我们称平面是一个“二维空间”。

还要注意，

在球体表面定位一点，

也要用一对数字来表示，

即经度和纬度。

因此，

球体表面也是二维的。

任何形状的表面都是如此。

如你所知，

在三维空间需要用三个数字才能定位一个点；

也就是说，

在现实世界中，

要确定一个点的位置，

就必须知道它的经度、纬度和高度。

在此，

你必须注意一个重要的概念：

在上述内容中，

我们是对“点”进行定位。

但是假设不定位“点”，

而是定位其他“元素”，

比如“圆”，

想象一下，

在我们检视的空间中，

充满了大小不一、圆心各异的圆。

如果要讨论这个空间的“维度”，

应该按照如下步骤进行：

首先选取一个普通的欧几里得平面，

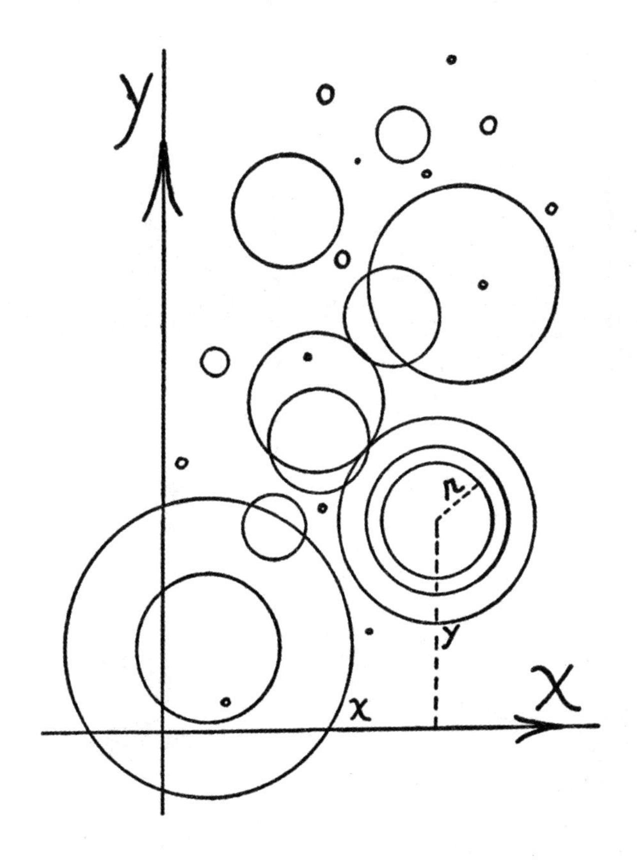

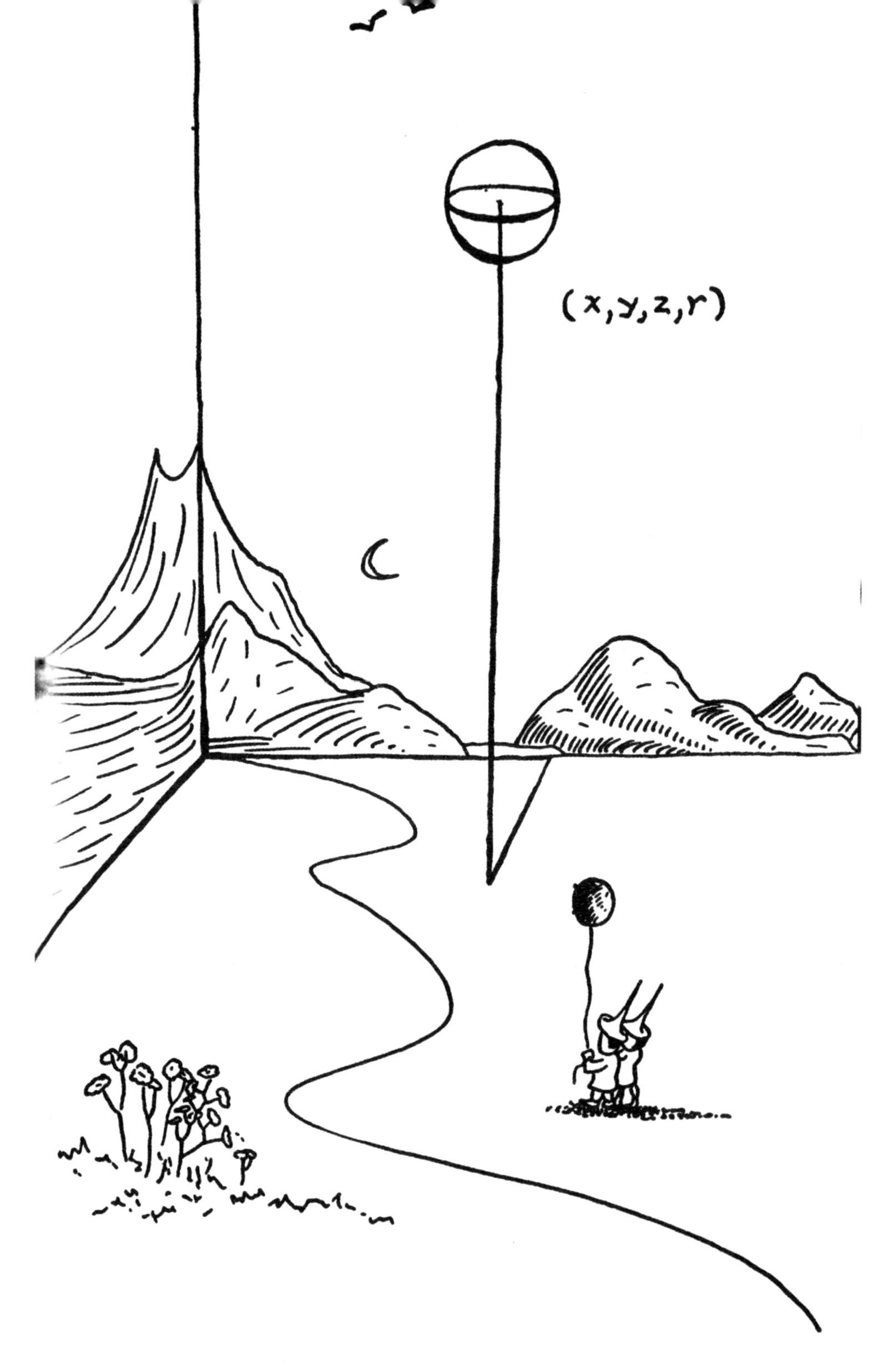
(x, y, z, r)

如前面所说，

想象它不是由点

而是由各种各样的圆构成；

现在，

为了明确任意一个特定圆的位置，

首先我们需要引导你

找到它的圆心

（用两个数字表示），

接下来，

从所有圆心相同，

但大小不同的圆中，

选出这个特定的圆，

我们需要给你第三个数字，

也就是这个圆的半径。

如此一来，

一个普通的欧几里得平面

就是三维的！

同理，

如果我们使用的“元素”不是点而是球体，

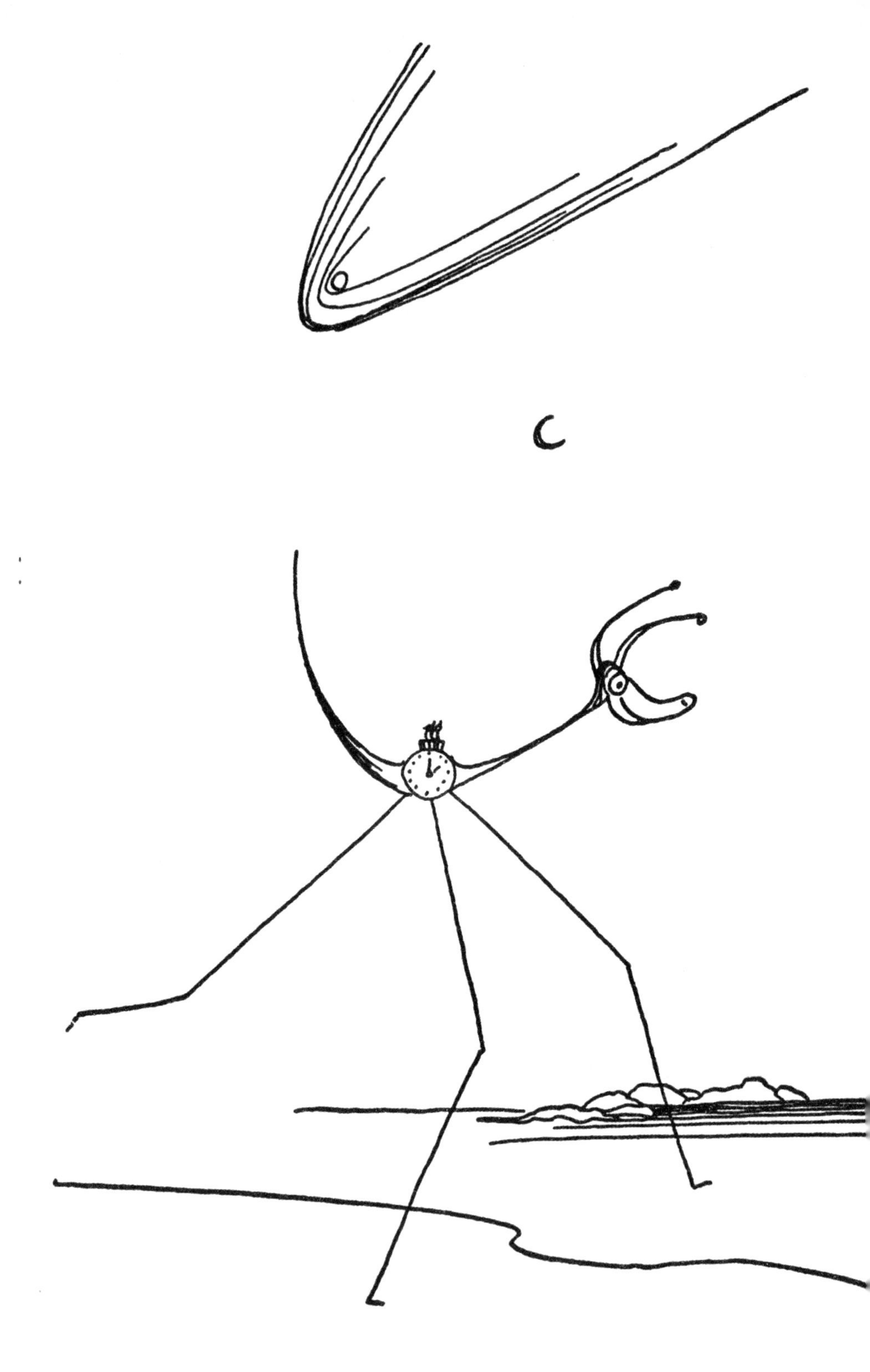

我们生活的“三维”世界

就变成了四维世界。

因此，

一个空间的“维度”

取决于我们选取的元素。

当然，

如果我们明确元素的内容，

就不会产生混淆。

在现代物理学中，

选取“事件”而非“点”作为元素，

这样描述物理现象会更加方便。

每个事件都可以用四个数字表示，

即，

经度、纬度、高度以及事件发生的时间。

因此，

即便说到我们生活在四维世界中，

我们也不会觉得

困惑不解或匪夷所思！

现在，

让我们看看

这对本节开头所讨论的内容有何影响。

第19节

做好准备

在第18节中我们看到，

在欧氏平面上

任意建立一组直角坐标轴，

利用公式$d=\sqrt{x^2+y^2}$

就可以计算出线段的长度。

同理，

在三维欧几里得空间中，

线段的长度可以利用公式

$d=\sqrt{x^2+y^2+z^2}$

计算得出。

其中$x=OB$，$y=BC$，$Z=AC$（如图所示）。

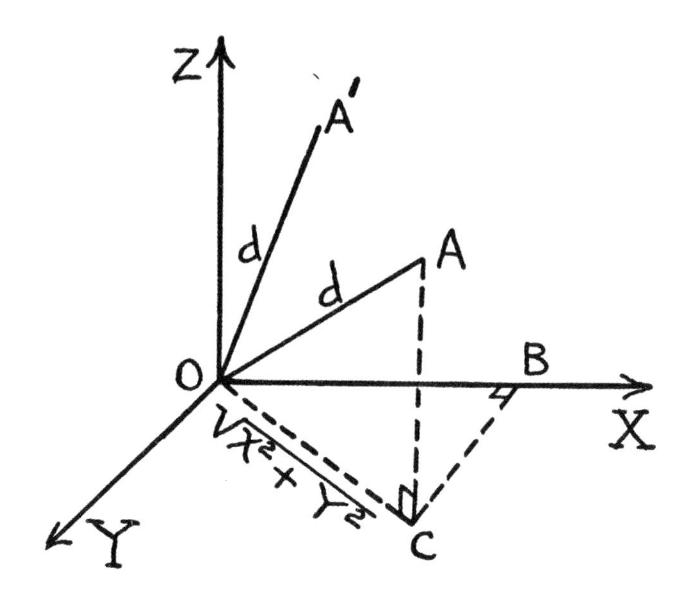

注意，

在三维空间中，

如果不考虑z，

则坐标轴不同，

$x^2 + y^2$的值也会不同。

因此，

我们不改变坐标轴，

仅改变OA的位置。

比如OA'，

我们看到

$\sqrt{x^2+y^2}$（或）$\sqrt{(x')^2+(y')^2}$

不过是OA（或OA'）的“投影”或“影子”，

当然，

一个物体影子的长度

会随着物体位置的移动发生改变，

而物体本身的长度保持不变。

同理，

在现代物理学中，

如果我们在四维世界中

选取的“区间”位于事件O和A之间

（而不是两个点之间），

则 $\sqrt{x^2+y^2+z^2+t^2}$ 的值保持不变。

其中t表示第四个数字，

即时间（见第18节末尾）。

不过，

$\sqrt{x^2+y^2+z^2}$ 的值不再是一个常数，

就像二维空间变成三维空间时，

$\sqrt{x^2+y^2}$ 的值也会发生改变一样。

简单来说，

好比两个观察者，

K先生和K'先生，

相对于一个物体以不同的速度做匀速运动，

对他们来说，

该物体的长度不同。

你可能会说，

物体的长度不过是四维中的一段“区间”

在三维空间中的“投影”或“影子”罢了。

“好吧”，迷思先生答道，

“这听起来有点不可思议，

不过看着这些公式，

我能明白你在说什么。

回到第18节中提出的问题，

你所做的一切不过是说，

在现代物理学中，

你不再认为一个物体的长度

是与特定观察者无关的客观事实

（爱因斯坦[①]之前的人都持此观点）。”

不过，无论怎样，

你的四维“区间”

$\sqrt{x^2+y^2+z^2+t^2}$

对K先生和K'先生来说都相同。

所以，这个区间是客观事实，

而 $\sqrt{x^2+y^2+z^2}$ 不是。

不过，

我们的理念仍然不变：

即："物理事实的确存在，

我们正在将其一一找出。”

迷思先生，你虽然聪明过人，

但是思想却还停留在19世纪。

20世纪的现代物理学家已经认识到，

他们发现的任何“事实”都是暂时的，

仅代表在某个特定的时间段内，

① 阿尔伯特·爱因斯坦（Albert Einstein，1879～1955），犹太裔物理学家，创立狭义相对论、广义相对论，于1921年获得诺贝尔物理学奖。

基于所有已知的观察和实验

得出的最佳结论而已。

他十分清楚，

既然这些观察是人类进行的，

就难免受到人类感官和思维的限制，

因而无法成为“真理”。

正如爱因斯坦所说：

“我们创造的一切都是虚假的。”

那么它还有什么用呢？

答案显而易见：“布丁的味道吃了才知道！”

也就是说，

如果科学能够让我们

在这个复杂的世界中生活得更轻松，

那么即使只是一个“记账”系统，

或是简单的“助记符号”，

都能使形形色色的观察结果相互关联，

至少能让我们记住它们，

并提出更好的设想。

简而言之，

物理学家在进行观察时发现，

把某些重复观察到的现象作为物理学假设十分方便；

再用逻辑推导出这些假设可能出现的结果；

最后，

进行更多的实验，

以验证是否能够得到根据逻辑推导出的结果。

如果能，

他便认为自己的理论可行，

但绝不会妄想这个理论仍然适用于

未来所有的观察结果。

只要他确实观察到了他预测的现象，

并满意自己的成果，

我们就没理由对此感到不满。

诚然，

如果把一个科学家的预测，

比如爱因斯坦的，

EXPECT
THE
UNEXPECTED

和其他人的预测作比较，

我们一定会对爱因斯坦的伟大成就钦佩不已。

爱因斯坦曾在1916年预测，

如果你在某一天（1919年），

去了某个地方（非洲），

架起相机拍一张恒星的照片，

你会发现，

它们在照片上的位置比正常的位置偏移了一点点

（大约为1.75弧秒[①]）。

科学家们按照爱因斯坦的预测进行观察，

结果和他的预测如出一辙！

如果任何一个门外汉能够拥有这样的预测能力，

我们一定会承认他的头脑和科学家旗鼓相当！

不过无需赘言，

那些质疑科学、思维混乱、

只懂大声叫嚷的凡夫俗子，

不可能拥有这种能力。

这也就是为什么我们说

① 弧秒，又称角秒，是度量平面角的单位，即角分的六十分之一，符号为"。

只有思维清晰的人才能做出科学的预测，

即便这些预测不是绝对真理。

于是，

现代科学家不再谈论“客观事实”，

而是研究“变换下的不变量”。

因此，

$\sqrt{x^2+y^2}$是二维欧氏空间中

坐标轴旋转下的不变量，

却不是三维欧氏空间中

坐标轴变换下的不变量。

你一定会认同

这是一种更加精确恰当的表达方式。

这样一来，

科学家们也准备好了随机应变！

因为如果进行新的观察

或者重新考虑基本理念，

需要进行新的变换时，

他们就需要以新的不变量替换旧的不变量。

一旦做好了准备，

面对改变时，

他们就不会像19世纪的科学家

面对爱因斯坦新的理论体系那样惊慌失措。

现在，

这个新体系能够被接受，

不仅仅因为它比旧体系更完善，

还因为在此基础上，

物理学家们对于他们所有的活动

有了更加完整的认识。

寓意：要掌握现代观点，

就需要更灵活的思维

以及随机应变的能力。

解放你的思维，摆脱旧观点的束缚！

让自己适应这个不断变化的世界。

第20节

现代之物

现在，

让我们回到图腾柱的顶层，

在那里，

2 × 2可能等于4，

也可能不等于4；

在那里，

支离破碎的三角形

宛如毕加索笔下的女性；

简而言之，

在那里，

你会发现

数学、艺术、音乐及其他领域中

最为现代的一面。

让我们看看是哪些共性

使这些看似有着天壤之别的领域

都变得现代。

这些现代趋势大致是：

（1）人类逐渐意识到自己极具创造力，

更有胆识与勇气，

渐渐敢于迈出原来的小天地，

向更远处进发。

（2）因此，

与过去相比

现在更趋于多样化。

（3）前进过程曲曲折折，

人类可能会遇到

林林总总的奇闻异事，

不过人类正努力克服内心的恐惧。

（4）人类对抽象的事物越来越感兴趣。

你知道以上趋势都与数学密切相关。

不过，

如果停下来想想，

你会发现

在现代音乐、现代航空、现代艺术

或者其他任何现代领域中，

都存在这些特征。

既然你对奇闻异事并不陌生，

甚至开始喜欢上它们（希望如此），

本节的插图一定会让你感到惊奇与钦佩。

因为要想进行现代教育，

就必须涉猎各个领域的现代事物。

你可能猜到这些插图形状奇特、线条凌乱，

不过你现在知道

“奇特”是现代主义的一个特征，

甚至在数学和物理学中也是如此。

正如现在的数学比从前更多样，

你同样不会讶异于

现代艺术比旧式艺术更加多元化。

尤其要牢记图腾柱一节中的告诫,

不要问图腾柱顶层的人这些问题

(无论他们是数学家还是艺术家):

“你所做的有什么实用价值?

这对普通人有什么意义?”

因为我们说过,

没有人知道!

顶层的科学成果是自然现象,

这是所有人类文献记载中最有趣的部分,

如果它们变成了底层的小发明,

就失去了最耐人寻味之处!

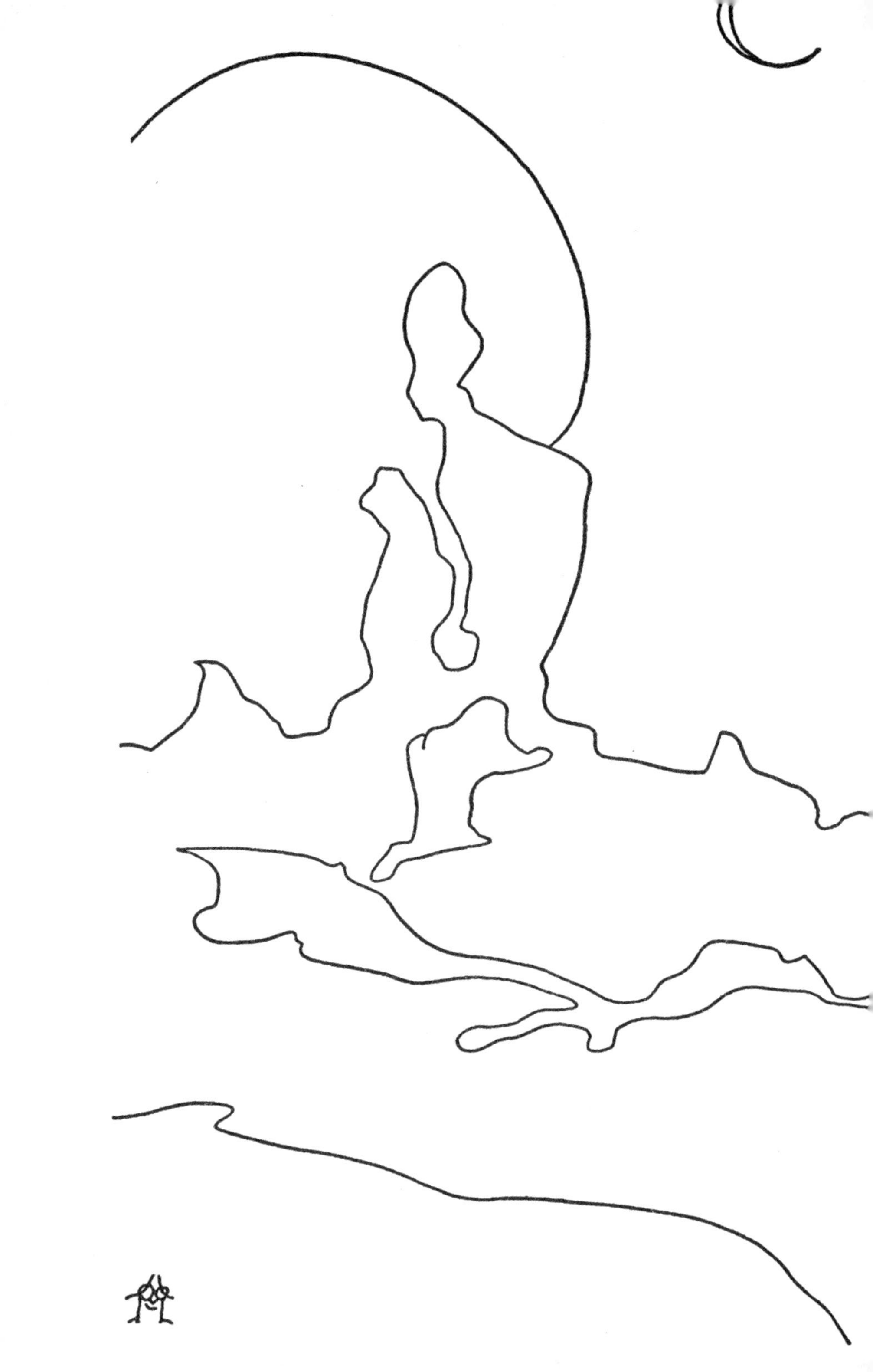

寓 意

探讨问题时可能会达成一致意见，

但也要允许有不同的看法。

（详见第18、19节）

除非比较不同的观点，

否则不变量无从谈起。

（详见第19节）

由此，

孤立主义和排外主义就显得滑稽可笑，

而包容则尤为重要。

这些不变量可能由多位

“权利平等、成就相当”的观察者推算出来。

（详见第18节）

但是，

每位观察者有权做什么呢？

显然，

他们只能严格标准、竭尽全力，

也就是按照最严格的实验室条例，

尽可能精确测量；

并按照现代数学家和逻辑学家的最高标准，

准确思考，

而不仅仅是诘问！

虚怀若谷、自力更生应该成为人类活动的准则。

（详见第16节）

人类掌握的知识并非一成不变，

我们必须做好准备，

应对改变。

（详见第19节）

我们要追求进步，

也要避免引起剧变。

（详见第15节）

我们要尊重传统，

也要避免受其束缚。

（详见第11节）

清晰的思维和细致的观察

是我们最“实用的”武器。

（详见第19节）

“常识”需要丰富和发展，

不能仅停留在初始状态。

（详见第9节）

“人性”不是

“利欲熏心”和“不择手段”的同义词，

人类是一种更加复杂和有趣的生物。

（详见第6、20节）

战争不该归咎于科学的发展。

（详见第5、6节）

我们在拥有自由的同时，

仍能保持秩序。

（详见第16节）

民主对于人类的成就至关重要。

（详见第6、18、19节）

我们必须忠于它的基本原则，

否则民主便无从谈起。

（详见第14节）

诸如此类。

毫无疑问，

你在数学、科学及艺术领域中

可以找到更多此类寓意。

这本小书不过是为以下观点抛砖引玉：

我们并不注重技巧

（如果提到了也纯属无意为之），

而是关注帮助人类取得成就的普适方法。

具体来讲，

在思考社会科学时，

我们或许可以从技巧中学到如何取得成功。

当然，

人类拥有聪明才智和奇思妙想，

绝不会被社会问题轻易难倒！

但是这些问题并不会自行解决！

我们要像数学家、科学家、艺术家一般，

充分发挥想象力；

同时也要牢记自由亦有限度。

现在请翻回到序言部分，

再读一遍，

根据你在这本小书中读到的内容

仔细思考一番。

你同意这本小书

真的有助于阐明这些概念吗？